◎ 灾害风险防控与应急管理译丛

BUILDING COMMUNITY DISASTER RESILIENCE THROUGH PRIVATE-PUBLIC COLLABORATION

社区灾害韧弹性建设：公私合作模式

美国国家科学院国家研究委员会
增强社区韧弹性公私部门合作委员会
地理科学委员会　　著
地球科学与资源理事会
地球与生命研究部

刘红帅　刘培玄　董丽娜　游新兆　译

地震出版社

图书在版编目（CIP）数据

社区灾害韧弹性建设：公私合作模式 / 美国国家科学院国家研究委员会等著；刘红帅等译．— 北京：地震出版社，2018.5

书名原文：Building Community Disaster Resilience Through Private-Public Collaboration

ISBN 978-7-5028-4964-1

Ⅰ．①社… Ⅱ．①美… ②刘… Ⅲ．①灾害防治 – 社区管理 – 研究 – 中国 Ⅳ．① X4 ② D669.3

中国版本图书馆 CIP 数据核字（2018）第 069562 号

地震版　XM3864

社区灾害韧弹性建设：公私合作模式

美国国家科学院国家研究委员会　增强社区韧弹性公私部门合作委员会
地理科学委员会　地球科学与资源理事会　地球与生命研究部 著

刘红帅　刘培玄　董丽娜　游新兆　译

责任编辑：赵月华

责任校对：凌　樱

出版发行：地 震 出 版 社

北京市海淀区民族大学南路 9 号　　邮编：100081
发行部：68423031　68467993　　传真：88421706
门市部：68467991　　传真：68467991
总编室：68462709　68423029　　传真：68455221
http://www.dzpress.com.cn

经销：全国各地新华书店

印刷：北京地大彩印有限公司

版（印）次：2018 年 5 月第一版　2018 年 5 月第一次印刷

开本：787 × 1092　1/16

字数：138 千字

印张：11

书号：ISBN 978-7-5028-4964-1/X（5667）

定价：58.00 元

译丛前言

随着我国社会经济快速发展，地震、滑坡、洪水和台风等重大自然灾害所造成的冲击和影响越来越严重。重大自然灾害事件是影响国家长治久安和安全发展的重大风险源，它不仅会造成重大人员伤亡和巨大经济损失，而且会影响经济可持续发展，影响社会秩序。重大自然灾害多发是我国基本国情。京津冀协同发展区域、长三角城市群及长江经济带、港珠澳超级城市群和众多的省会城市均处于重大自然灾害风险非常高的区域。迅速提升重大自然灾害事件应对能力和风险防范能力已经成为当务之急。习近平总书记在唐山大地震40周年之际视察唐山时发表重要讲话，揭开了我国防灾减灾救灾的新篇章，明确提出“两个坚持”“三个转变”的重要论断，即坚持以防为主、防抗救相结合，坚持常态减灾和非常态救灾相统一，努力实现从注重灾后救助向注重灾前预防转变，从应对单一灾种向综合减灾转变，从减少灾害损失向减轻灾害风险转变，全面提升全社会抵御自然灾害的综合防范能力。习近平总书记防灾减灾救灾新理念新思想新战略，为新时期防震减灾工作指明了发展方向。为此，2018年，党的十九届三中全会和十三届全国人大一次会议，作出了党和国家机构改革的重大部署，组建应急管理部，整合优化应急力量和资源，推动形成统一指挥、专常兼备、反应灵敏、上下联动、平战结合的中国特色应急管理体制，提高防灾减灾救灾能力，确保人民群众生命财产安全和社会稳定。这是我国防震减灾体制机制的重大变革，是推进国家治理体系和治理能力现代化的重大举措，对提高我国综合防灾减灾救灾能力、推进新时代防震减灾事业现代化建设具有重大而深远的意义。

由高孟潭研究员等负责选题策划的“灾害风险防控与应急管理译丛”（以下简称“译丛”）密切关注国际相关动态，翻译或编译出版国际上有关重大自然灾害风险防控、灾害韧弹性和应急备灾的研究报告、重大计划实施进展报告、政府白皮书和著名学者论著，是一件很有意义的工作。“译丛”适合于政府管理部门、科研院所、从事自然灾害防抗救工作人员以及广大公众阅读，可为我国政府公共政策制定、重大自然灾害应急备灾管理和广大学者开展自然灾害研究提供参考。我很高兴看到“译丛”的出版，特写下以上几句感想，向读者热忱推介这套“译丛”。

陈运泰

2018年4月

译者的话

增强地方和社区的灾害韧弹性是实现国家韧弹性的根本途径，而公共与私人部门的参与是关键。各国政府和广大学者十分关注公私合作在降低灾害风险中的作用。

美国国家研究委员会（NRC）专门设立了美国增强社区韧弹性公私部门合作委员会，组织了涉及社区韧弹性领域的高水平专家，编写并出版了《社区灾害韧弹性建设—公私合作模式》。该书界定了社区灾害韧弹性、私人部门、公共部门等关键术语的含义，提出了聚焦韧弹性的公私合作网络概念框架和基于社区的公私合作原则，明确指出了可持续的聚焦韧弹性合作的挑战，代表了发达国家建设社区韧弹性的理念和做法。

鉴于该书对我国当前发展具有现实意义，故译成中文版本，以飨读者。参与本书翻译工作人员：游新兆负责翻译概述；刘红帅负责翻译第 1 章、第 2 章；刘培玄负责翻译第 3 章、第 4 章和第 5 章；董丽娜负责翻译序、致谢和附录。全书由刘红帅统稿和校对，最终由高孟潭研究员定稿。

本书既可为防灾减灾救灾宏观管理和政策制定提供参考，亦可供从事防灾减灾救灾相关领域的专业人员和实际操作人员参考。

本书由中国地震局发展研究中心策划、资助出版。本书的中文版权引进、翻译和出版得到了中国地震局发展研究中心、地震出版社、中国地震局地球物理研究所和安德鲁 · 纳伯格国际有限公司的大力支持。在此，译者向原著者及为本书出版提供支持和帮助的单位和个人表示衷心的感谢。

由于译者水平有限，难免有疏漏和错误之处，敬请读者批评指正。

译者

2018 年 4 月 8 日

序

近年来，国内外应对自然和人为灾害的经验凸显了社区灾害韧弹性建设的现实需求。第一，我们居住的地球，这个我们渴望开拓事业、结婚成家、发展经济、寻求和平与安全的星球，发生了频繁但常不能预测的极端事件。严重的热浪、寒流、周期性的洪水和干旱决定了我们所说的气候。地壳运动的表现为地震和火山爆发。环境退化、栖息地流失和生物多样性减少可能是累积发生的，但也有可能是突变的破坏，比如野火或浮油事件瞬间造成的。

第二，极端事件常因其超过社区的自身恢复能力而导致社区的持续中断。这些灾害既有人类决策的后果，也有自然的结果。土地利用、建筑规范、关键基础设施建设、财富和贫穷的分布以及许多其他社会决策和行为决定了极端事件及其后续恢复的影响。

第三，灾害韧弹性是建立在社区一级上的。在灾害面前，没有社区能够幸免于难，并且独善其身。关键基础设施、及时制造和经济全球化的新兴角色意味着所有个人和社区都是相互依赖的。

第四，建设社区韧弹性的责任不能仅靠公共部门承担。美国的公共部门仅占劳动力的 10%，其他 90% 存在于私人部门，包括从小型个体企业到国家和全球企业，以及一系列非政府组织和基于信仰的组织。包括关键基础设施在内的许多社区资产运营和维护都掌握在私人手中。所有部门必须通力合作建设社区一级的灾害韧弹性。

本报告论述了这些现实情况，调查了我们所知道的有效公私合作以及如何增强社区灾害韧弹性。本报告描述了利用更多知识使聚焦韧弹性的合作受益的领域，并制定了全面的研究议程。然而，该委员会的委员们指出：面对快速的社会变革和技术进步，我们对聚焦韧弹性的公私部门合作的理解是初步的。本报告应被视作正在发展主题的初步探索，而不是最终的、明确的论述。

William Hooke 主席

2010 年 8 月

致　谢

为了响应国土安全部（DHS）的要求，国家研究委员会（NRC）成立了专家委员会来评估公私部门合作的现状，致力于增强社区灾害韧弹性，找出理论与实践的差距,并向国土安全部人为因素与行为科学部门推荐投资的研究领域。委员会的职责包括组织为期两天的研讨会，探讨相关问题，并形成研究委员会的最终建议。委员会于 2009 年 9 月 9—10 日在弗吉尼亚州阿灵顿市召开了此次研讨会，邀请了来自全国各地的私人和公共部门以及研究界的约 60 名代表参加。委员会感谢参会人员的贡献。

根据国家研究委员会报告审查委员会批准的程序，本报告草案已由选出的不同观点和技术特长的人士进行了审查。本次审查的目的是提供坦率而批评性的评论，以便于该委员会发布尽可能完善的报告，并确保该报告符合客观、有据和对研究任务响应的制度标准。审查意见和草案档案仍处于保密状态，以保护审议过程的完整性。我们感谢下列人士参与审查了本报告：

Ann Patton，俄克拉何马州塔尔萨市 Ann Patton 公司

Carl Maida，加州大学洛杉矶分校

Daniel Fagbuyi，华盛顿特区乔治华盛顿大学

Peter C Hitt，马里兰州巴尔的摩市美国私人财富管理信托银行

Robert Kates，缅因州特伦顿市独立学者

Ron Carlee，华盛顿特区国际城市管理协会

Claudia Albano，加利福尼亚州奥克兰市

尽管上面列出的评阅者已经提供了许多建设性的意见和建议，但是本报告公布前，没有要求他们确认，的确也没让他们查看该报告的最终草稿。受地球与生命研究部的委托，Dewberry 有限公司 Ellis Stanley 承担了本报告审查的监督工作，并负责确保本报告按照制度程序进行了独立审查和认真考虑了所有审查意见。本报告的最终内容由编写委员会和国家研究委员会全权负责。

目 录

译丛前言 I

译者的话 III

序 V

致 谢 VII

概 述 1

第 1 章 引 言 13

1.1 任务陈述 14

1.2 什么是韧弹性 16

1.3 社区管辖权 17

1.4 我们必须有什么样的韧弹性 18

1.5 灾害管理政策 28

1.6 韧弹性合作 33

1.7 委员会完成任务的方法 34

1.8 报告结构 36

第 2 章 聚焦韧弹性公私合作网络的概念框架 45

2.1 形成概念框架的基本原则 45

2.2 成功聚焦韧弹性合作的原则 54

2.3 概念模型 60

第 3 章　基于社区的公私合作指导原则　71
3.1　社区一级的参与　72
3.2　韧弹性相关活动的结构和流程　81
3.3　建立和运营合作伙伴关系：概念模型的实际应用　85
3.4　创造变革环境　98
第 4 章　可持续的聚焦韧弹性合作的挑战　107
4.1　增加弱势群体的能力和机会　108
4.2　对风险和不确定性的认知　109
4.3　合作规模　111
4.4　利益分歧　112
4.5　合作者的信任　114
4.6　信息共享　116
4.7　跨越边界　117
4.8　碎片化、不一致以及缺乏协调　122
4.9　发展指标　124
第 5 章　研究机会　129
5.1　业务部门动机　130
5.2　整合非政府组织　131
5.3　改变应急管理文化　132
5.4　建设社会资本　133
5.5　通过合作支持学习　133
5.6　信息存储库　136

5.7　最后的思考　137
附　录　141
附录 A　委员会传记　141
附录 B　委员会会议议程　149
美国国家研究院——国家科学、工程和医学顾问　155

概 述

自然灾害，包括飓风、地震、火山喷发和洪水，仅2010年上半年就致使全球22万余人死亡，对家园、建筑物和环境造成了严重破坏。为抵御和恢复自然与人为造成的灾害，公民和社区都有必要共同努力，预测威胁，限制其影响，并在危机过后迅速恢复功能。

正在增加的证据表明，公私部门间的合作能够有效提高社区应对灾害预防、响应和灾后恢复的能力。国家研究委员会之前的几份报告已给出了公私部门通力合作减轻灾害影响的典型实例，如执行建筑规范、改造加固建筑物、改进社区教育或发布极端天气预警。州政府和联邦政府已认可了私人和公共组织合作对制订灾害防御和应对规划的重要性。尽管全国各地都正在积累各自的特色经验，但至今还没有全面的框架方案，用于指导聚焦灾害预防、应对和恢复的公私合作。

为解决这些问题，美国国土安全部人为因素与行为科学部门要求国家研究委员会成立专家委员会，评估当前公私部门合作致力于加强社区韧弹性的现状，找出理论和实践的差距，并推荐美国国土安全部人为因素与行为科学部门投资的研究项目（见专栏S.1）。该委员会由若干研究和从业人员组成，他们在应急管理、地方政府管理与行政、社区合作、重要基础设施保护、灾害管理方面都有自己的特长，并拥有建立和维护社区韧弹性举措与公私合作伙伴关系的实际经验。该委员会在2009年9月召开的国家研讨会期间收到了从业人员和研究人员的有益意见，并发布了第一份报告，总结了该次研讨会的重要主题。当前报告包括该委员会的结论与职责相称的指南。该报告的重要发现是地方一级的公私合作对发展社区韧弹性起着至关重要的作用。持续有效的聚焦社区韧弹性公私合作有赖于几个基本原则，即加强社区所有部门间的沟通，增加合作网络的灵活性，鼓励对合作任务、目标和实践定期重新评估。

专栏 S.1　任务陈述

美国国家研究委员会将评估在加强社区韧弹性中公私部门合作伙伴关系的现状，找出理论和实践的差距，并向美国国土安全部人为因素与行为科学部门推荐投资的研究领域。报告列出的委员会将开展下列工作：

⦿ 确定致力于增强社区韧弹性的公私部门合作伙伴关系框架的组件。

⦿ 为发展私人部门参与增强社区韧弹性框架，制订指导方针。

⦿ 检查现有集中式和分散式模式的选择和成功模式，给出结构建议，促进以增强社区韧弹性为目标的公私部门间合作。

这项研究以公开的研讨会方式，包括通过邀请者的发言和受邀参与者的自由讨论，探讨下列议题：

⦿ 区域、州和社区一级为发展和增强社区预防和韧弹性而建立公私伙伴关系的现实工作；

⦿ 私人部门参与公私部门合作应对自然与人为危险规划、资源分配和预防的激励、障碍、优势和责任；

⊙ 可能影响形成公私部门伙伴关系的国家级大公司和小企业社区（特别是较小或农村社区）间的观念或动机差异；

⊙ 妨碍跨部门的公私合作伙伴关系方面的现有知识和实践的差距；

⊙ 能够弥补上述差距的研究领域；

⊙ 以增强应对自然和人为灾害的社区韧弹性为目标，合作工作设计、发展和实施。

灾害

随着人口的持续增长，并且不断向城市转移，灾害造成的破坏将会不断加剧。发展中国家灾害造成的死亡率更高，部分原因是基础设施不足、建筑规范缺失和土地使用规划不佳，而发达国家灾害的叠加后果会日趋严重，是因为供应链和关键基础设施更加依赖全球经济。从20世纪80年代以来，十年间自然灾害引发的经济和保险损失总和增加了近7倍。

随着全球气候的变化，自然灾害如飓风、海岸风暴、洪水、干旱和森林大火变得更加频繁和强烈。考虑到与气候变化有关的预测，再加上人口和经济趋势，高风险沿海地区的人口增长，国家未来将面临更多的灾害，导致更多的人员伤亡、经济损失和更为严重的社会破坏。即使面对中等强度的气候变化事件，灾害和技术中断也可能引发严重的连锁效应，如2010年冬季大西洋中部海岸的暴风雪使联邦政府关闭了五天，估计每天的损失达1亿美元。

社会变革、创新和技术进步的步伐正在加快，多因素的叠加能产生额外的脆弱性。区域性和全球性的相互依赖可能导致个人业务运行或整个企业难以忍受地球另一端发生的中断。当前的库存、交付策略和外包模式能为企业带来盈利性业务，但是他们也会因技术失败而使业务变得脆弱。2010年，冰岛火山爆发后的情形就是这样的例子，致使全球大部分的航空运输停飞，全球依赖于快速货运的地区和国际贸易都严重受损。例如，非洲的商业花卉种植者无法快速将其产品运送到欧洲市场。

全国范围内应急管理政策和系统突出强调全方位备灾方法。这样的方法要求制定应急管理措施以应对所有可能的威胁，如有害物质释放、地震或使用大规模杀伤性武器的恐怖袭击。委员会认识到动员社区应对低概率但后果严重事件的挑战。那些特殊类型的危险，如大规模流感、生物恐怖和化学危害，需要专业知识和发展专门的合作子网络。但是他们也发现，那些已经为应对常见破坏灾害事件做好准备的社区也是最有可能应对面临更为严重或意外威胁的社区。

社区和社区韧弹性

社区是动态的，会随居住人口、政治领导、经济和环境因素的变化而改变。韧弹性社区能够有效抵御灾害，在承受压力时继续运转，应对逆境，并在受灾后恢复其功能。但是，社区韧弹性不仅仅是应对灾害。“韧弹性”的含义是指个人、群体或系统在承受任何形式压力过程中和之后的持续能力。拥有强大经济基础、社会正义感和强劲环境标准的健康社区，将能够在灾害发生后更好地恢复；这样的社区展现出更大的韧弹性程度。建立和维护灾害韧弹性取决于社区是否有能力监控变化，然后适当修改规划和活动以适应观察到的变化。委员会认为，公私合作对建立网络至关重要，同样对建立和维持健康、韧弹性社区也是至关重要的。

在考虑灾害韧弹性时，社区不能仅按照管辖范围来定义，因为灾害不会恰好降临在管辖的地理范围内。本报告定义社区为有共同兴趣的“人群”，这里指的是灾害韧弹性。委员会发现，让社区各方面的代表参与减灾、防灾、灾害响应和恢复全灾害周期的决策是非常重要的。有效的公私合作包括政府应急响应机构、其他公共部门组织以及私人部门的所有要素。委员会定义私人部门为企业、非政府组织、志愿者、科学和技术机构、基于信仰的组织以及其他公益组织。理想的成功合作是各行各业的人都参与，其中包括少数族裔、被剥夺公民权者、残障人员、儿童、老人和其他弱势人群。那些不断处理诸如贫穷、犯罪、暴力、严重疾病和失业等危机的人群，即社区最弱势群体必须有代表，因为这些社区成员的生存权往往优先于处理灾害预防和灾害韧弹性等相关问题。让整个社区都参与聚焦灾害韧弹性的活动，而不仅仅向需要帮助的人群提供资源，要让社区所有成员充分利用社区的资源和能力。通过合作，参与者以及那些他们所代表的人成为社区成员。

公私合作的必要性

如果公共和私人部门的重要执行者认识到个人和社区的目标仅靠各自的努力无法实现，那么合作安排就开始了。私人和公共部门都有各自的资源、能力和渠道进入到社区的不同部门。通过他们的集体努力，提前确定相互依存关系、需求和资源，社区能显著提高其灾害韧弹性。

灾害韧弹性的公私合作能使整个社区包括灾害相关利益者在内的多方面受益。如果合作关系为所有利益相关者提供激励、价值和回报，那么它将更富有成效和可持续。例如，商业企业的利润是很重要的，而聚焦灾害韧弹性的公私合作对企业所有者的投资回报可能并不是直接显现的。灾害相关的公私合作可以通过建立可信赖的网络，提供更多关于相互依存关系和本地关键基础设施的知识，并在灾害发生之前、期间和之后，改善与其他社区利益相关者的协调，使企业受益。积极引导这些努力的公司可能会在社区中获得更多的认可和支持。其他好处包括社区范围内识别潜在危险，实现更准确的风险和收益分析，并最大限度地减少灾害破坏的后果。此外，通过加强个体企业的韧弹性，整个社区从更可持续的经济中受益。

但是，如果整个社区没有共同期望从聚焦韧弹性的公私合作中受益，那么社区韧弹性难以创造或维持。

聚焦韧弹性的公私部门合作框架

委员会为公私合作提出了概念模型。模型基于以下假定：①灾害韧弹性与社区韧弹性密切相关；②公私合作基于两个或两个以上私人和公共实体协调资源以实现共同目标的关系；③有效的合作取决于社区参与方式；④全面应急管理原则理想地指导聚焦韧弹性的合作。如图 S.1 所示，概念模型大部分是基于公共卫生应用中使用的社区联合行动理论开发的。

委员会认为合作最好分阶段进行，并在社区网络发展起来的情况下进行评估。如果由社区领导或组织自下而上推动，公私合作最初是作为基层的企业开展的，而不是由命令和控制结构的顶层决定，那么公私合作将是更可持续的。

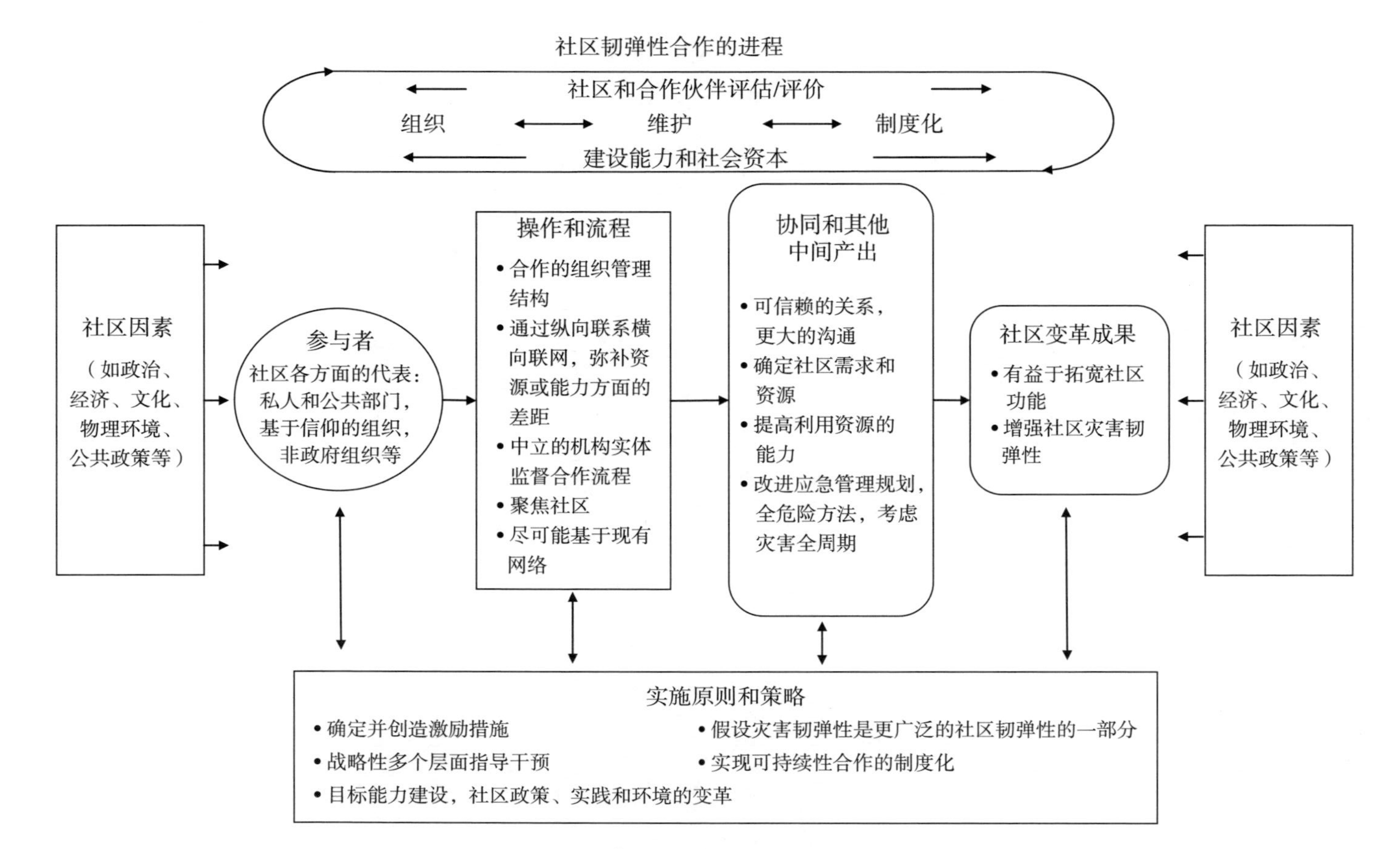

图S.1　公私合作建设社区韧弹性的概念模型

合作伙伴关系将理想地反映与适应所服务社区的特定因素，这些特定因素包括管辖权挑战、政治、公共政策、地理、本地优先事项和资源获取。

合作可以从任何部门一个或多个社区领导的提议开始。如果合作伙伴关系的使命和结构最初就是由社区领导的核心团队制定的，然后扩大到包括社区其他的关键利益相关者，那么合作伙伴关系很可能成功发展，因为他们有能力和资金来确保合作的稳定性和有效性。由于合作的优先事项将由主动参与者决定，因此确定合适的社区代表是一项战略决策。不能有效地识别关键的利益相关者，可能导致无法开发出社区的全部能力。例如，新奥尔良因对所有人口的规划不充分，导致在卡特里娜飓风来临之前未及时疏散大部分人口。如果可行的话，社区的一级网络可以扩展到包括现有的社交网络，新的网络可能需要延伸到被剥夺公民权利的居民，或产生更大的效率。更高级别的政府或行业联网，比如州一级和国家一级，是获得额外支持的重要手段，但委员会的结论认为合作领导在地方一级时才是最有效的。

随着合作网络的扩展，基于合作目标与任务的实施原则和策略最好由集体决定，以赢得社区的认可并建立信任。如果策略是基于现有的可利用资源和能力制定的话，将是最成功的。设计可应用于多种目的或适应于不同尺度范围的干预措施和策略，是符合社区利益的。为每个新情景重建措施和策略都是浪费社区资源。如果针对整个社区的不同人群进行有意义的沟通，那么建设韧弹性的干预措施将取得最大成功。

合作目标对社区政策、实践和环境的真正改变是至关重要的，但是合作机制本身可持续性和有效性的目标才是本质。可持续的公私合作取决于私人和公共部门间的信任、沟通、紧密联系，以及所有合作相关方均可接受的投资回报。

合作需要总体任务的组织结构、领导和机构验收。最适合的组织结构和领导是代表社区特征和共同目标的。有效的决策制订植根于信任关系和共同目的，因为社区不同部门、不同人群受到不同因素的激励。如果合作结构自身受到信任，而且被视为中立的、无党派的，并且着眼于社区的更大利益，这才是最强的。集中式和分散式的公私合作模式都有成功的实例，但委员会认为分散式更有利于聚焦韧弹性的合作可持续发展。然而，无论选择何种组织结构，成功的合作实体通常都会雇用工作人员服务于中立机构，其主要职责是在灾前促进合作、开展活动和募集资金。这些员工的经验最终减少了灾难后的管辖权混乱和争议，并允许更高效地集中资源和更快恢复。

即使在实现增强社区灾害韧弹性设定的最终目标前，社区的协同效应将是有效聚焦韧弹性公私合作的成果。有效的合作将增加社区内的沟通和信任，确认社区需求和资源，提高利用资源为社区谋福利的能力，改进应急措施和社区规划。

总体指导原则

委员会根据合作框架和概念模型制定了一系列指导原则，旨在为那些希望创建支持社区一级合作环境的人士提供指导。委员会的任务是制定一套私人部门参与的指导原则，但发现这些总体指导原则可能适用于所有部门。有效和可持续的合作促进而不是控制社区韧弹性的建设。在社区基础设施发生部分或毁灭性故障的情况下，设计灾害韧弹性合作伙伴关系本身发挥良好功能是很重要的。专栏 S.2 总结了委员会制定的总体指导原则。但是，合作不可避免地面临挑战。成功的合作对某些挑战是非常敏感的，如弱势群体的能力建设与参与，公众对风险和不确定性的感知，组织运作规模和实际需要规模间的差异，社区内利益相关者的利益分歧，信任和信息共享，跨越组织边界的需要，协调的碎片化和缺乏，缺乏衡量韧弹性、合作强度和合作成果的指标。

尽管本报告最初是针对社区一级增强灾害韧弹性的公私合作，但这些指导原则也适用于任何级别的合作或那些希望支持合作的人群。

专栏 S.2　成功聚焦社区韧弹性公私合作的总体指导原则

这些指导原则的应用与委员会关于聚焦韧弹性公私部门合作的概念模型（专栏 S.1）是一致的，该模型显示了合作要素与成果间的关系。

1. 推动社区一级的公私部门合作，作为社区韧弹性的基本组成部分，特别是灾害韧弹性。聚焦韧弹性公私合作的理想情况：

a. 整合社区内更广泛的能力建设力量，包括社区所有行动者；

b. 强调全面应急管理原则，为全危险和灾害全周期做好准备，以实现目标和实施活动；

c. 社区一级发挥横向网络系统的作用，与上级政府和组织一级进行协调；

d. 发展灵活、正在演化的实体，建立流程，用于设立目标，实施持续的自我评估，迎接新的挑战，确保可持续性；

e. 使拥有专职职员的中立、无党派实体制度化。

2. 采用交流和培训计划为参与公私合作的人员和更广泛的社区培养能力。聚焦韧弹性公私合作的理想情况：

a. 开始便将能力建设纳入合作；

b. 以社区准备、连续性规划、信任建设、降低风险和恢复时间缩短为社区目标，开展减灾的教育活动；

c. 鼓励公私部门的所有组织，通过业务连续性措施承担组织韧弹性的责任；

d. 在发展教育活动与传播信息中，与教育机构形成伙伴关系；

e. 通过将研究直接融入到现在和未来的合作活动中，把研究纳入到聚焦韧弹性公私合作实践的制度化。

3. 尊重熟悉的、当地确定的全危险准备和韧弹性的优先事项。

4. 制定管理灵活的资金和资源分配策略。

研究方向

若干学科的研究能够应用于社区一级聚焦韧弹性的公私合作。然而，因为全国的多数聚焦韧弹性合作尚处于初始阶段，并且社会环境以及灾害脆弱性正快速演变，因此与合作努力平行的研究计划是必不可少的，将研究纳入到合作是令人满意的。后者将允许获取的信息及时应用到合作决策中，并同时为未来的合作信息提供资料。

全国一系列研究和示范项目可以被概化为“活的实验室”，为研究人员和从业人员提供机会，而且能够针对明确的目标来设计和实施，包括记录效果、成本和收益，以及这些变量的衡量指标，并为今后的工作提供纵向比较数据。

以下是一组可供美国国土安全部以及那些关心深化聚焦韧弹性公私部门合作知识的组织投资的倡议。

◉ 调查最有可能激励各种规模企业与公共部门合作，并在不同类型的社区（如农村和城市）建设灾害韧弹性的因素。

◉ 重点研究如何激励和整合基于信仰的组织和其他非政府组织，包括那些并非针对危机的组织，加入到聚焦韧弹性合作中。

◉ 重点研究如何能够使应急管理部门和国土安全部门转向“合作文化”，让构成社区的所有组织参与增强社区韧弹性。

◉ 重点研究聚焦社区韧弹性公私部门合作能力建设的方法。

◉ 重点研究量化风险和成果指标的研究和示范项目，提高社区一级的灾害韧弹性，并记录最佳实践。

◉ 重点开展产出全国性数据比较的脆弱性和韧弹性研究和相关活动。

◉ 建立由中立机构管理的国家级知识库和信息交换中心，用于记录和发布信息，包括聚焦社区韧弹性的公私部门合作模式和运行框架、社区韧弹性案例分析、实证支持的最佳实践活动、韧弹性相关资料以及研究成果等。各级各部门的所有利益相关者应聚集在一起研究确定如何组建和资助这一实体。

由韧弹性社区组成的国家就是韧弹性国家。公私合作是建设韧弹性国家的关键步骤。

我们拥有的唯一最强大的力量就是美国人民不屈不挠的精神和能力。因此，建设韧弹性国家确实不用自上而下、单靠政府行政命令式的方法，而是依赖于自下而上的方式，依靠美国人民的联系和合作，源自于提出问题和寻找新的解决方案。同时也是我们所有人共同分担的责任。

——国土安全部部长 Janet Napolitano 致美国红十字会

2009 年 7 月 29 日

第 1 章　引　言

国土安全部（DHS）部长 Janet Napolitano 和许多企业高管、非政府组织（NGO_S）领导和学者都认为：有效的公私合作对建设社区一级的韧弹性是必不可少的。这就引发了一系列问题：

⊙ 什么是韧弹性?

⊙ 我们的韧弹性社区和国家应该面对什么样的威胁?

⊙ 整个国家韧弹性建设的合作状态是什么样的?

⊙ 什么使得现有的合作伙伴关系有效?

⊙ 合作伙伴关系的判断标准是什么，目前的现状怎么样?

⊙ 成功实现社区一级灾害韧弹性合作的挑战是什么?

⊙ 什么补救措施是可利用的?

⊙ 有效合作框架的基本要素是什么?

1.1 任务陈述

迄今，私人和公共部门缺乏全面增强社区灾害韧弹性的合作框架来指导工作。在美国国土安全部的赞助下，美国国家研究委员会成立了专家小组委员会，评估公私部门合作致力于增强社区韧弹性的当前现状，找出理论和实践的差距，并推荐美国国土安全部人为因素与行为科学部门投资的研究项目。该委员会由若干研究和从业人员组成，他们在应急管理、地方政府管理与行政、社区和多个利益相关者的合作、重要基础设施保护、灾害管理方面都有自己的特长，并拥有建立和保持社区韧弹性举措与公私合作伙伴关系的实践经验。附录 A 介绍了该委员会成员的简历。国土安全部指派给委员会的任务说明如专栏 1.1 所示。该委员会在 2009 年 9 月 9—10 日召开的国家研讨会期间收到了从业人员和研究人员的有益意见，并准备了研讨会讨论的主题摘要（NRC，2010a）。

私人和公共部门的合作能增强社区应对自然或人为灾害的减灾、防灾、响应和恢复能力。国家研究委员会过去的报告已经确定了创新的合作组织结构，增强了国家关注事项方面的不同社区利益（如 NRC，1998，2006）。其他报告指出了私人和公共部门合作开展减少灾害影响措施方面的具体努力（如实施建筑规范，改造建筑物和发布极端天气预警），并确定了合作备选项（如基于风险的保险费和示范的土地使用做法）（如 Mason, 2006；Jones Kershaw, 2005）。国土安全部意识到社区对灾害的响应和恢复能力部分取决于其社交网络实力和有效性，资助了 2009 年的国家研究委员会研讨会，即社交网络分析如何（人类复杂系统研究）揭示现有网络的结构，以便设计或改进社区网络，建设社区韧弹性（Magsino，2009）。

为了帮助读者理解委员会审议的概念，本章提供了诸如“韧弹性”和“社区”等关键术语的工作定义。从简要讨论与灾害有关的财务负担开始，委员会提供了挑战社区韧弹性的灾害实例，随后简要分析了美国的灾害管理政策以及公私合作在建设社区韧弹性方面的作用，最后描述了委员会对待职责的方式和报告组织。

专栏 1.1 任务陈述

美国国家研究委员会将评估致力于增强社区韧弹性的公私部门合作伙伴关系现状，找出理论和实践的差距，并向美国国土安全部人为因素与行为科学部门推荐投资的研究领域。

委员会将开展下列工作：

◉ 确定致力于增强社区韧弹性的公私部门合作伙伴关系框架的组件；

◉ 为发展私人部门参与增强社区韧弹性框架，制订指导方针；

◉ 检查现有集中式和分散式模式的选择和成功模式，给出结构建议，促进以增强社区韧弹性为目标的公私部门间合作。

这项研究以公开的研讨会方式，包括通过特邀发言者和受邀参与者的自由讨论，探讨下列议题：

◉ 区域、州和社区一级为发展和增强社区预防和韧弹性而建立公私伙伴关系的现实工作；

◉ 私人部门参与公私部门合作应对自然和人为危险规划、资源分配和预防的激励、障碍、优势和责任；

◉ 可能影响形成公私部门伙伴关系的国家级大公司和小企业社区（特别是较小或农村社区）间的观念或动机差异；

◉ 妨碍跨部门公私部门合作伙伴关系方面的现有知识和实践的差距；

◉ 能够弥补上述差距的研究领域；

◉ 以增强应对自然和人为危险的社区韧弹性为目标，合作工作的设计、发展和实施。

1.2 什么是韧弹性

“韧弹性”术语出现在不同的学科中，但没有通用的定义。尽管韧弹性的不同元素或属性被强调，但所有定义通常是指个人、群体或系统在承受任何形式压力（如任何干扰）过程中和之后的持续能力，以便压力过程中或过后持续发挥功能，或快速恢复其能力发挥功能。

委员会的职责重点在于“社区韧弹性”。这项工作中，委员会采用了Norris和其他人（2008）提出的“韧弹性”定义，他们将其定义为群体，如社区和城市抵御危险或由自然灾害破坏中恢复的能力。建设和保持韧弹性取决于群体监控变化的能力，修改规划以妥善应对逆境。同样地，John Plodinec已观察到，如果社区成员默认或明确认为韧弹性是社区内在和动态的组成部分，那么社区有更强的灾后恢复能力（CARRI，2009）。他认为，韧弹性社区是一个预估威胁、有可能的情况下减轻潜在危害和准备应对逆境的地方。这样的社区在危机过后更快恢复并修复功能。他也指出，一个社区与其他社区进行应对逆境能力的比较是很重要的，因为这有助于找出其改进之处[1]。

因此，社区韧弹性通常指的是社区遭遇压力或过后持续发挥功能的能力。该报告隐含地讨论了建设社区灾害韧弹性的问题是社区的所有部门（政府、盈利性私人、非营利性私人和公民）能够并且应当参与灾害全过程的韧弹性建设：减灾、防灾、响应和恢复。

1.3 社区管辖权

不同的群体在考虑灾害预防、响应和恢复规划及其实施时，对“社区”一词有不同的定义。按地域界限定义的社区忽略了灾害不按司法管辖权发生的事实。旨在解决突发事件的社区一级合作必须充分利用各种社交网络，居民、公共和私人实体都参与其中。这些并非仅由管辖界限界定。基于管辖界限的社区定义可能形成社区组成的静态概念；实际上，社区是动态的、多变的。同样，虽然韧弹性社区可能超越地理和政治界限，但它也可能因某事被定义为更小的范围。在洛杉矶、加利福尼亚或纽约这样的大城市，纽约的个人可能与社区感相联系，这种社区感小得多，而且更直接。

Etienne Wenger 定义“社区”为兴趣域相关的群体（Wenger，1998）。委员会扩展 Wenger 的“群体”的含义，将其包括社区及其所有伙伴的完整结构。本报告的“兴趣域”指的是社区灾害韧弹性。将社区视为动态的，并与管辖范围以外的实体相关联的，这并不否定反映合作网络所服务的地理社区和地区需求、优先事项和经济合作的重要性。

[1]J. Plodinec, Community and Regional Resilience Institute, personal communication, June 28, 2010.

整个报告中使用“社区的完整结构”这一词语，是委员会对社区定义的组成部分，特别是在地方一级灾害环境和合作角色方面。社区减灾、规划、响应和恢复需要地方政府的积极参与，但联邦、州、区域和部落政府的重视和参与也是必不可少的，私人部门的能源和资产也是如此（Edwards，2009）。委员会定义了广泛全面的“私人部门”，包括有助于实现社区社会生活和稳定的大小型营利性公司、非政府组织、志愿者、学者、基于信仰及其他方面的实体。委员会理解为实现社区灾害韧弹性的公私合作建立在像灾害等破坏会摧毁所有社区结构或部分社区结构的见解之上。

1.4 我们必须有什么样的韧弹性

数不清的潜在灾害使社区面临风险。自然和人为引发的灾害引发公共卫生突发事件的折磨、生命丧失、经济受损和社区环境的破坏。个人和机构往往没有意识到危险可能给他们的社区和生活方式带来不可接受的风险。此外，个人和机构往往无法接受他们在降低风险方面的责任。下一节描述了可能影响社区的一些灾害。这些危险包括自然灾害、公共卫生紧急事件、人类引发的灾害、网络脆弱性引起的灾害或新出现的技术和商业实践及气候变化诱发的灾害。上述某些风险在一些社区比其他社区可能更大，同样社区可能面临本报告未讨论的其他危险，包括那些与经济衰退和失业造成的有实际影响的危险。

灾害会使社区和国家发生破坏而遭受损失。世界各地的自然和人为灾害造成了 2008 年 240,000 人死亡及约 2,680 亿美元的经济损失，和 2009 年[2] 近

[2]2009 年，近 9000 人因自然灾害死亡或失踪；其他人是人为灾难的受害者，即与人类活动有关的重大事件（不包括战争、内战和类似战争事件）。

15,000 人死亡及约 620 亿美元的经济损失（见图 1.1）。瑞士再保险公司 2010 年初估计，仅 2010 年自然灾害造成的全球损失就可能达到 1,100 亿美元（Swiss Re, 2010）。

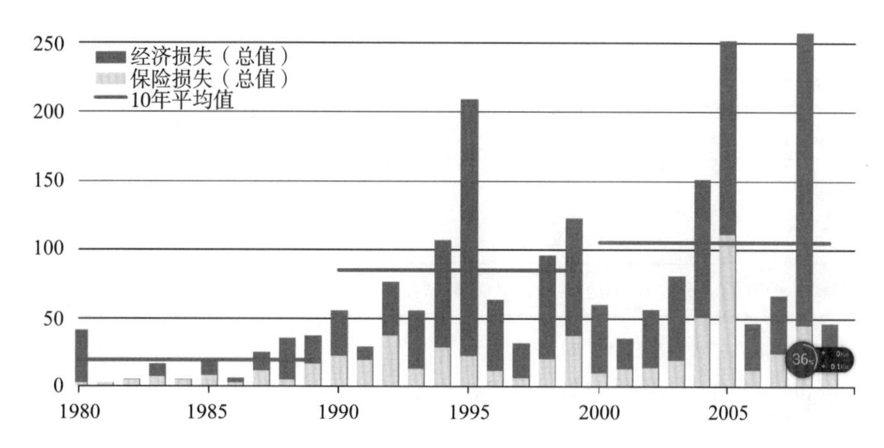

图1.1 1980—2009年全球自然灾害损失（以十亿美元计，统计截至2009年）
注：1995年的高峰主要反映了神户地震的影响；2005年的高峰代表了卡特里娜飓风的影响；2008年的高峰与中国地震和美国艾克飓风有关。资料来源：（SwissRe）sigma灾难数据库

这是在海地和智利发生地震后，但在如亚洲许多地区发生大规模洪水之前给出的。图 1.1 展示了 1980—2009 年间全世界自然灾害造成的稳步上升的财政损失。为便于比较，表 1.1 列出了按损失类别列出的 2009 年度世界范围内人类诱发主要灾害的人员伤亡和经济损失。

表 1.1 按损失类别列出的 2009 年度全球重大损失清单

	事件数	百分比	死亡或失踪人数	百分比	保险损失[a]（美元）	百分比
自然灾害	133	46.2%	8,977	60.2%	22,355	85.1%
人为灾害	155	53.8%	5,939	39.8%	3,915	14.9%
主要火灾和爆炸	30	10.4%	756	5.1%	1,605	6.1%
航空航天灾害	15	5.2%	783	5.2%	752	2.9%

续表

	事件数	百分比	死亡或失踪人数	百分比	保险损失[a]（美元）	百分比
海洋灾害	39	13.5%	2,146	14.5%	1,359	5.2%
铁路灾害（包括空中索道）	10	3.5%	70	0.5%	1	0.0%
煤矿事故	11	3.8%	544	3.6%	43	0.2%
倒塌房屋和桥梁	10	3.5%	410	2.7%	86	0.3%
其他[b]	40	13.9%	1,230	8.2%	69	0.2%
总计	288	100.0%	14,916	100%	26,270	100%

[a] 财产和业务中断，排除责任和人寿保险损失
[b] 包括社会动乱、恐怖主义和“其他杂项损失”
来源：Swiss Re（2010).

许多研究和政策界承认灾害的威胁和相关经济损失，并试图降低如气候与天气有关灾害引发的社会经济脆弱性。他们包括对减少灾害风险、适应气候变化、环境管理和减贫感兴趣的团体。然而，这些团体的工作已经碎片化，大部分独自完成，因此他们在减少脆弱性方面仅取得了小小的进步（Thomalla et al.，2006）。本报告后面的章节中，委员会将提出建设社区韧弹性的全危险方法，这意味着要了解对社区构成威胁的所有危险，但应关注最可能发生的危险。委员会的基本假定是，韧弹性社区在为某种灾害做好准备后，同样能应对另一种灾害。

自然灾害

根据联邦应急管理局（FEMA），美国在2010年发生了66次灾害（截至9月）；相比之下，2009年国家总共有59个灾害[3]。2009年，美国自然灾害保险

[3] 见 www.fema.gov/news/disaster_totals_annual.fema（2010年5月17日访问）.

损失超过 110 亿美元（Munich Re, 2009）。在 2000—2009 年 10 年间美国自然灾害造成了超过 3,500 亿美元的经济损失，或平均每年为 350 亿美元（Munich Re, 2009）。对许多受害的人而言，财务损失可能是灾难性的，如家庭损失或退休金储蓄。过去十年公布的美国灾害[4]表明，大多数美国人一生中都会受到灾害的影响。过去 10 年间，每个美国人的平均损失为 1,200 美元。20 世纪 80 年代以来，十年期与自然灾害经济和保险损失总和增长了近 6 倍，如图 1.2 所示。相比之下，美国同期的国内生产总值[5]仅增长了一倍。

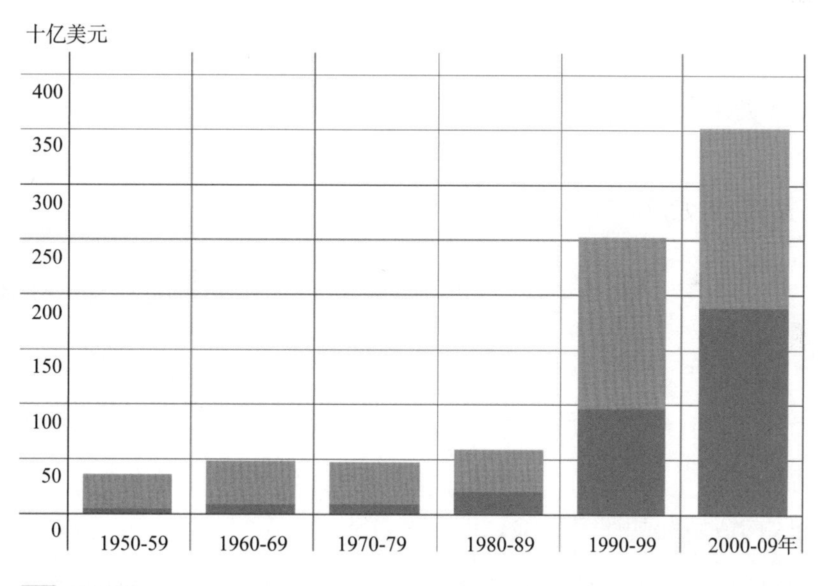

图1.2 美国十年期自然灾害引起的经济和保险损失（以2009年美元计）
源：©2010慕尼黑再保险公司（Münchener Rückyersicherungs-Gesells.chaft），自然灾难服务地质风险研究。Munich Re（2009）。

[4] 见 www.gismaps.fema.gov/recent.pdf（2010 年 9 月 7 日访问）查看总统灾难宣言地图 .

[5] 见 www.data360.org/dataset.aspx?Data_Set_Id=354（2010 年 9 月 7 日访问）.

地震、飓风、洪水、干旱以及其他与天气有关的事件，还有滑坡和火山灾害都会影响到远超出该事件实际影响的社区，这在某种程度上是因为不断加强的地方和国家社区间的相互联系。与这些影响有关的人和经济损失正在稳步增加，部分是由于人口密度的增加。自 1950 年以来 10 起损失最严重的灾害发生在 1992—2010 年（Wirtz，2010）。图 1.1 表明，全球自然灾害的损失大幅上升，从 1980 年代平均约 200 亿美元增加到 2000 年代平均超过 1,000 亿美元（Swiss Re，2010）。预计未来几十年中强震的全球死亡人数将平均每年达到 8,000—10,000 人。预计个别灾难性地震将使十年平均每年超过 50,000 人（Bilham，2009）。2004 年，印度洋地震和随后的海啸造成了 220,000 多人死亡[6]，这提醒我们，处于太平洋地区的美国也易受类似事件的袭击。

突发公共卫生事件

社区易受自然或人为原因引起的突发公共卫生事件的影响。这些既包括与传染病、生物恐怖活动、恐怖事件或意外事件、化学突发事件引起的大量人员伤亡，又包括自然灾害和恶劣天气、辐射等有关的突发事件水和食物传播疾病有关的威胁。2009 年，全球范围内爆发潜在致命的甲型 H1N1 流感病毒后，社区对传染病的脆弱性立即引起了人们的注意。2009 年 6 月 11 日，世界卫生组织（WHO）宣布了全球 H1N1 病毒流感大流行正在蔓延，截至 6 月 19 日，所有 50 个州、哥伦比亚特区、波多黎各区及美国维尔京群岛均报道了该病毒。2010 年 8 月 10 日，世界卫生组织宣布了该爆发疫情结束[7]。2009 年，甲

[6] 见 earthquake.usgs.gov/earthquakes/eqinthenews/ (2010 年 9 月 10 访问).

[7] 见 www.cdc.gov/h1n1flu/background.htm (2010 年 9 月 13 日访问).

型 H1N1 大流行性流感引起的全球或全国总损失未能确定，大流行病的影响没有某些人预期的严重。然而，研究表明美国平均每年流感的直接医疗费用约为 104 亿美元，总经济负担为 871 亿美元（Molinari et al，2007）[8]。

H1N1 病毒提醒全国民众，社区对公共卫生灾害是多么脆弱。考虑到美国居民旅行的增加，即使是小社区也无法幸免于大流行性传染病的风险。城市中心人口的增加意味着疾病传播具有更大风险。对社区韧弹性采取全危险方法部分考虑到可能影响社区健康、经济和正常运作的所有公共卫生威胁。

人为灾害

这个国家社区也容易受到技术失败和蓄意恐怖主义行为造成灾害的影响。从工业革命以来，能源资源开发和废物处理所造成的灾害已成为许多社区的生活现实。当代，西弗吉尼亚州的一座煤矸石蓄水坝在大雨之后发生的破坏导致了 125 人死亡，并且估计在这被称为 1972 年布法罗河洪水中造成了 5,000 万美元的财产损失（NRC，2002）。自 1972 年以来，还发生了其他几个煤矸石蓄积失败事件，其中包括 2008 年在田纳西州金斯敦发生的一起失败事件，该事件向社区和流域排放了超过 10 亿加仑的煤矸石泥浆。后者被称为美国发生的同类型最严重的有毒灾害（Dewan, 2008）。

能源开采和运输业也可能导致有毒灾害。1989 年 Exxon Valdez 漏油位列历史上最具破坏性的海上事故（NRC, 2003）,影响了超过 1,100 英里的海岸线、野生动物和社区。这次漏油事件 20 年后社会和环境效应仍然很明显。2010 年

[8] 错过工作日和生命损失导致的生产力损失是流感的主要经济负担 .

4 月，墨西哥湾发生的石油钻井平台爆炸导致了 11 名工人死亡，并在三个月内每天向海湾排放数万加仑的石油，这是美国海域有史以来最大的石油泄漏事故（McCoy and Salerno, 2010）。这场灾害对环境、健康和经济的长期效应还没有确定，但美国的墨西哥湾沿岸已经感受到了经济负担。Dun & Bradstreet 公司的初步分析发现，泄漏可能影响到遍及亚拉巴马州、佛罗里达州、路易斯安那、密西西比州、德克萨斯的 730 万个活跃企业，3,440 万名雇员 5.2 亿美元的销售额。尽管 7 月底阻止了石油的泄露，但国家海洋和大气管理局（NOAA）仍在夏季剩余的时间里关闭了靠近墨西哥湾大部分地区的商业和休闲捕鱼业。图 1.3 显示了 2010 年 6—9 月关闭的海湾地区。

核能生产和废物处理也构成风险。1986 年，乌克兰切尔诺贝利核电站核反应堆熔毁致使 33.6 万人从该地区撤离和重新安置（UNSCEAR, 2000）。那些受辐射产生疾病的人数尚不清楚，但据估计，60 万人中，约 4000 人遭受高度辐射后，成为致命辐射引发癌症的患者，另外 5000 外围人群可能被诊断出癌症（Mettler, 2006）。该反应堆 17 英里以内禁止任何人居住（Bell, 2006）。

暴力和恐怖主义行为影响到我们国家及其社区。2001 年 9 月 11 日，恐怖袭击造成了近 3000 人死亡（The 9/11 Commission，2004 年），是美国境内有史以来最致命的灾难之一，引发了世界各地社区和国家的社会变革。不同类型关键基础设施间的相互依存关系是显而易见的。例如，“9 · 11”恐怖袭击后，纽约市主水管破裂导致铁路隧道、一座换乘站和一个容纳世界上最大电信节点之一的所有电缆设施被淹。纽约证券交易所因通信基础设施故障被迫暂停交易 6 天（O’Rourke, 2007）。

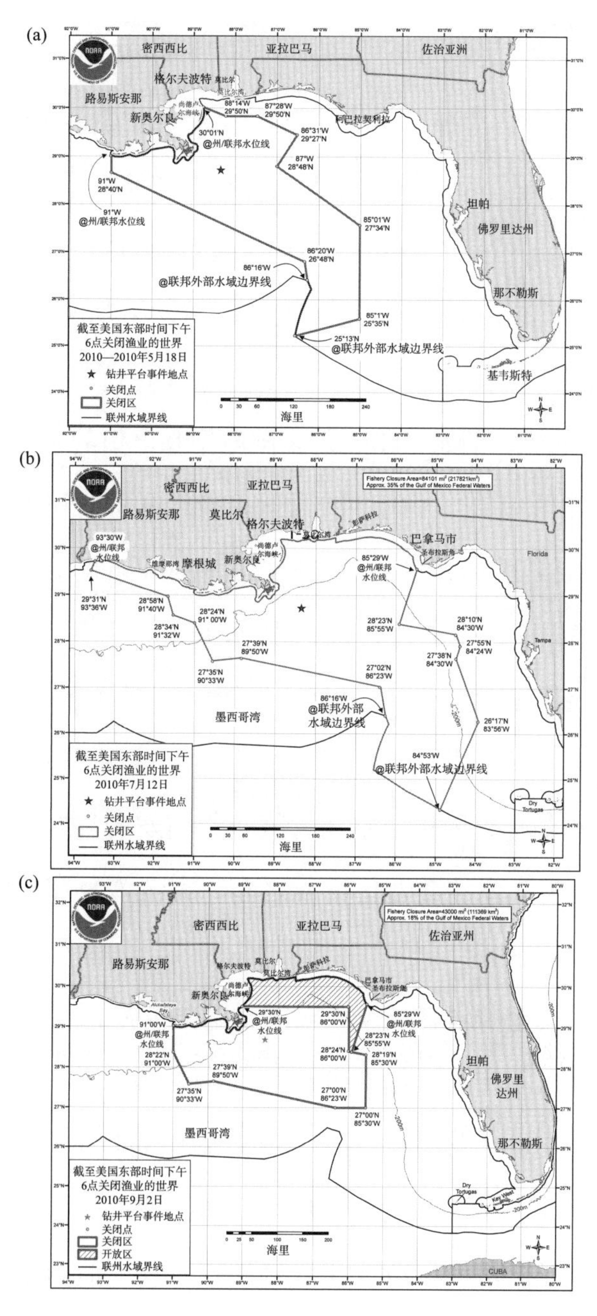

图1.3　红色边界指的是国家海洋和大气管理局（a）2010年5月18日、(b)2010年7月12日和（c）2010年9月2日关闭渔业的区域边界。（c）中的阴影部分表示捕鱼区域重新开放部分。每张图上的星星都标识在漏油井处。来源：NOAA。

网络故障与网络攻击

网络基础设施是指以集成分布式计算机、信息和通信技术为基础的基础设施；它不仅包括由处理、存储和交流数据的硬件和软件组成的电子系统本身，还包括这些系统存储的信息（NSF，2003；DHS，2009）。

美国经济和国家安全很大程度上依赖于全球网络基础设施。军事、警察、消防员和其他紧急服务提供者依靠计算机、信息网络和全球定位系统（GPS）来执行任务，应对危机。例如，GPS 是全国电网和电信的重要时标，包括电话系统、因特网和本国的手机。由于网络依赖和相互关联性不断增加，因此潜在的网络故障可能会迅速传播并对当地和州社区造成削弱的影响（DHS，2009）。

网络故障可能源于自然事件或恶意网络攻击。例如，来自太阳风暴的电磁脉冲会产生灾难性的后果，比如 1989 年发生严重的磁暴使魁北克电网超载，造成数百万美元的损失，使数以百万计的人无电使用（OCIPEP，2003）。据美国 MetaTech 公司估计，因极端空间天气事件引发的长期、大面积停电可能在第一年内造成的损失高达 2 万亿美元之多，完全恢复需要 4—10 年的时间（NRC，2009）。

政府、犯罪分子、恐怖团体或个人对网络基础设施的攻击也日益引起关注。2001 年，美国交通部发布的报告描述了由于 GPS 信号丢失或变弱而影响民用航空、海事和地面交输的信息和通信基础设施脆弱性的风险（Volpe Center，2001）。这份报告也描述了交输网络基础设施的风险，尽管过去了将近十年，其中许多风险仍与现在相关。2009 年 6 月调查发现，前两年的网络犯罪使美国遭受了超过 80 亿美元的损失（Consumer Reports, 2009）。受欢迎的新闻媒体报道，装在衬衫口袋内的廉价 GPS 干扰器可以在线购买（尽管在美国是非法的），并且能够中断GPS接收和干扰依靠GPS通信及操作的应急救援人员（比如，Brandon，2010）。

网络故障的风险，无论是由于自然的但基本可预测的如大气中断、机械故障、软件运行故障，还是恶意的意图，都是全国范围内社区面临的严重且日益增长的问题。

气候变化

美国国家研究委员会的研究表明，全球气候正在发生改变。过去的50年内气温已上升了近2° F（1℃）（NRC，2010b）。正如政府间气候变化专业委员会最近的报告（例如,IPCC,2007a）中提到的气候变化和专家预测变化趋势，加上高风险沿海地区的人口增长和经济趋势表明，美国可能面临由灾害引发的生命丧失、经济成本和社会破坏不断增加的未来。如果复杂、高度耦合的社会和基础设施系统受到影响,世界范围内社区的水质可能受到严重的影响（IPCC，2008），对个人、企业、社区和国家产生重大影响。即使是中等的气候事件，自然灾害或技术中断也可能引发严重的级联效应，比如，2010年大西洋中部沿岸的冬季暴风雪使联邦政府关门5天，损失估计约1亿美元/天（MacAskil，2010）。

21世纪，因气候变化引发的天气事件和极端异常，如飓风、海岸风暴、洪水、干旱以及它们造成或加剧的事件（如野火）或许变得更频繁、广泛或强烈（比如NRC，2010b；IPCC, 2007a）。由于极端事件变得更强烈或频繁或发生在不同的地点，引发的经济和社会成本将增加（IPCC，2007b）。全国各地社区将需要预见到因气候变化引发的脆弱性，并采取适应战略来减少这种脆弱性（NRC，2010b）。

预计人口增加和迁移模式的变化可能会改变许多社区的人口组成。例如，美国几个大城市的人口预计会增加。美国南部和西部是人口最稠密、增长最快的地区，预计在未来几十年内将持续增长（Beach，2002）。约 53% 的美国人已经生活在离海岸 50 英里以内的地方（Markham，2008）。

商业实践与技术进步

社会变革、经济创新和技术进步的步伐正在加快，组合起来产生了未曾预料到的脆弱性。因此，过去的灾难对未来的指导价值是有限的。例如，我们在过去几十年中采用的发展业务提升效率的方法，如外包、“及时”库存和交付策略，导致利润更高的商业模式，但可能使组织变得很脆弱。这样的效率不仅减少了浪费，也降低了利润空间。区域和全球相互依存可能使单个企业运行或整个行业难以容忍即使发生在世界异地的灾害引起的中断。例如，冰岛埃亚菲亚德拉冰盖火山灰喷发影响到空中交通，由此也影响 2010 年 4 月和 5 月欧洲和世界的商务（USGS, 2010），依赖立即空运库存的社区当地企业受到了影响：非洲花卉在欧洲市场的商业成长是一个广为人知的例子，可能产生更大的连锁反应，产生不利的经济和社会影响（ITC，2010）。

1.5 灾害管理政策

本节提供了美国应急管理政策背景和简要评述，为本报告中提出的调查结果和结论提供支撑。委员会对应急管理政策没有提出任何建议。委员会简要介绍了私人部门对灾害管理的重要性以及灾害管理政策的简要历史，特别是涉及危险的方法和社区一级聚焦韧弹性的公私合作伙伴关系的角色，描述了当地社区在应急管理中的角色以及当地和联邦应急管理人员间的关系。

美国私人和公共部门在灾害管理方面都起到各自的作用，并且是管理政策框架的组成部分。私人部门在灾害之前、期间和过后提供了许多服务，比如水、电力、通信网络、运输、治疗和安全等。美国经济的健康取决于大小型企业，和他们在全球化和快速技术进步中的作用（Bonvillian, 2004）。尽管私人实体拥有和管理着大部分关键基础设施，但是现有的与管理风险和建设韧弹性相关的公私合作能够得到加强，并且鼓励很少或根本没有合作的社区开展合作。

美国灾害管理政策要素反映在立法和倡议中，包括 Stafford 法案[9]、2000 减灾法案[10]、卡特丽娜过后的应急管理改革法案[11]、诸如国土安全等总统指令 5 和 8[12]、过去和现在联邦灾害规划和举措，比如联邦应急规划[13]、国家应急规划[14]和国家响应框架（FEMA, 2008）。立法和规划增强了已经使用 30 年的全危险的全面应急管理办法（比如,考虑灾害全过程）。当前的总统令、政策文件、国家备灾指南[15]、国家响应框架、国家恢复框架[16]、国家事故管理系统[17]和操作及实施文件也反映了由来已久的做法。

应急管理历史揭示了机构及其作用的演变。19 世纪把灾害和响应看作私

[9] 见 www.fema.gov/about/stafact.shtm (2010 年 6 月 20 日访问).
[10] 见 www.fema.gov/library/viewRecord.do?id=1935 (2010 年 6 月 20 日访问).
[11] 见 www.dhs.gov/xabout/structure/gc_1169243598416.shtm (2010 年 6 月 20 日访问).
[12] 见 www.dhs.gov/xabout/laws/gc_1214592333605.shtm and www.dhs.gov/xabout/laws/gc_1215444247124.shtm (2010 年 6 月 20 日访问).
[13] 见 biotech.law.lsu.edu/blaw/FEMA/frpfull.pdf (2010 年 6 月 20 日访问).
[14] 见 www.scd.hawaii.gov/documents/nrp.pdf (2010 年 6 月 20 日访问).
[15] 见 www.fema.gov/library/viewRecord.do?id=3773 (2010 年 6 月 20 日访问).
[16] 见 www.fema.gov/recoveryframework/ (2010 年 6 月 24 日访问).
[17] 见 www.fema.gov/emergency/nims/ (2010 年 6 月 20 日访问).

人慈善机构的职权范围。20 世纪中期把核战争、民防和不断加大政府在全面应急管理职能的参与力度作为应急管理的重点（Rubin, 2007; FEMA, 2005）。20 世纪 90 年代，联邦应急管理局（FEMA）创立的但已不再实施的“项目影响（Project Impact）”计划已认识到私人部门在减灾各方面的重要作用（见专栏 1.2）。FEMA 为 250 多个社区提供了资金，用于减灾和备灾活动，促进了地方如何利用资金来减少风险的自觉性[18]。2000 年，减灾法案通过联邦资助的减灾计划，提供给社区以更大的灾前减灾动力。截至 2008 年 7 月，17,000 余地方管辖区制定了减灾规划，这些规划采用了积极的社区参与办法，并在联邦指导下实施（Topping, 2009）。2005 年，卡特丽娜飓风过后的 Stafford 法案修正案将资金用于减轻联邦公布的潜在灾害（CRS, 2006）。美国国土安全部是为应对 2001 年 9 月 11 日袭击事件而设立的[19]。该机构成立时的最初任务是减少灾害脆弱性，防止恐怖袭击，但国土安全部也负有更广泛的减轻灾害脆弱性责任。

美国的应急管理是通过鼓励社区一级减轻、预防、响应和恢复灾害实现的。这种鼓励的效果是有限的，是因为地方机构努力履行其监督社区日常运作的职责。实际上，当危机演变超出常规的应急时，镇、城市和郡往往依靠联邦政府的能力作为首要的应急伙伴。当极端事件发生时，各级政府的期望值差距会造成工作上的分歧。

联邦政府对地方和州一级活动的支持范围从减灾和防灾的有限种子基金到具体反恐措施的大量资金。应急管理政策和系统突出了全危险规划的重要性[20]，这就要求有特定类型事件的响应预案，比如，有害物质的释放、地震

[18] 见 www.fema.gov/news/newsrelease.fema?id=8895 (2010 年 6 月 20 日访问).

[19] 见 www.dhs.gov/xabout/laws/law_regulation_rule_0011.shtm (2010 年 6 月 20 日访问).

[20] 见 www.fema.gov/txt/help/fr02-4321.txt (2010 年 2 月 26 日访问).

和采用大规模毁灭性武器的恐怖袭击等。自 20 世纪 70 年代后期以来，全面性原则已经指导了社区的应急管理活动（Whittaker, 1978 ; NGA, 1979）。社区通过准备、响应和恢复来应对自然和人为危险所带来的风险。2001 年“9 · 11”恐怖袭击后的一段时间，对恐怖主义行动所引发的事件管理优先于其他事项（FEMA, 2005 ; Haddowand Bullock, 2005）；2005 年的飓风季节，尤其是飓风卡特丽娜的毁灭性影响之后，这种趋势在某种程度上有所改观[21]。

专栏 1.2 项目影响（Project Impact）

1997 年，国会首次拨出资金直接资助减灾行动[a]。为了实现拨款目的，美国应急管理局（FEMA）创建了称为“项目影响（Proiect Impact）”的试点计划：建设灾害韧弹性社区。该计划的重点和资源投放均在社区一级上，并引导了减灾的尝试，促进了社区一级的决策。社区被要求确保当地政府、非政府组织（NGO）和企业的承诺。此外，需要提高认识的教育部分。FEMA 提供资金以便形成独立社区的公私伙伴关系。项目影响包含四个步骤建设灾害韧弹性社区：

（1）成立包括工商业、公共工程和公用事业、志愿者和社区团体、政府、教育、卫生保健和劳动力代表在内的灾害韧弹性社区规划委员会，建设合作伙伴关系。

（2）评估社区的风险和脆弱性。

（3）确定减灾优先事项、措施和资源，并采取行动。

[21] 见 www.dhs.gov/xfoia/archives/gc_1157649340100.shtm (2010 年 6 月 21 日访问).

（4）交流进展，并保持长期主动的合作参与和支持。

俄克拉荷马州塔尔萨市是项目影响成功的例子。通过社区的努力，塔尔萨市制定了长期的减灾行动用于降低洪水频率和严重程度。工作包括改进及维护洪泛区的通道、滞洪池和清拆除漫滩上的1000多幢建筑物[b]。尽管2002年终止了项目影响计划，但通过一个被称为Tulsa伙伴公司[c]的非政府组织改进社区韧弹性的公私合作持续至今。

项目影响计划启动于1997年，首次拨款200万美元，先后于1998年和1999—2002年间分别获得了3,000万和2,500万美元的资助。每年从50个州中各选取一个新的社区，结果到2000年“项目影响”社区超过了250个。大多数社区获得了FEMA种子基金的资助。2001年2月，美国国会批准了布什政府的提议，才取消了实施不到五年的“项目影响”计划。行政当局设法制订直接减灾的工作计划。

[a] McCarthy F.X. and N. Keegan. 2009. FEMA’s Pre-Disaster Mitigation Program: Overview and Issues. Washington, DC: Congressional Research Service. July 10. 25 pp.

[b] 见 www.emergencymgmt.com/disaster/Project-Impact-Initiative-to.html（2010年8月31日访问）.

[c] 见 www.tulsapartners.org/About（2010年8月31日访问）.

然而，灾害管理往往局限于首批响应的专家，仅靠他们的专业技能常常不能解决像自然或人为灾害等引发极端事件的后果。他们对社区能产生严重灾害后果的非物理事件，比如，经济衰退和失业，也难以作出理性的、合理的结论。尽管美国灾害管理概念是全面的，但他们的应用不是。指导联邦计划的政策为国家层面的全面风险管理提供了有益的基础。州和地方政府将从与联邦对口机构的合作关系中受益，并在本地取得实际成效。

灾害管理规划和培训活动是各级政府系统的基础，但全面实施是难以实现的。我们准备用内在的假设来响应，即如果我们做好了快速、高效和有效响应的准备，那么恢复就自然出现了（CARRI, 2009）。哈佛大学肯尼迪学院的研究扩展了这一概念，探索了灾害管理实践，并建议在事先恢复规划和降低风险方面采用更平衡的投资以便策略地改进社会福利（Leonard，2010）。应用这种方法允许改善灾害情况的结果,因为它将响应活动与减少风险结合起来。最终，韧弹性来自于在破坏性事件来临之前促成敏捷和响应行动的条件。全面风险管理方法为国家提供了针对大多数灾害事件响应和早期恢复的普通接受且有效的系统。如同重大灾害期间确定和处理特定问题展示的那样，该系统灵活多变，适应性强。政府针对特定灾害中发现的缺点，改善规划是最理想的做法。政策的应用和实施并不总是有效的，灾难发生时反应不佳就证明了这一点。应急和灾害管理人员、响应人员将及时获得的做法应用到需要更复杂、灵活性更强的情况中。

1.6 韧弹性合作

合作是通过各种正式和非正式的安排来进行的。该委员会使用“合作”一词是指合作行动。本报告中，除非另有说明，“伙伴关系”“联盟”“网络”“合资企业”和“联合”术语指的是在最广泛的意义上实现合作的不同类型组织或机制，而不管其安排的形式如何。不同的部门对这些术语可能会有不同的理解。例如，在私人部门，伙伴关系和合资企业意味着组织间的合同安排，包括商业计划与正式的营销、财务和运营组成部分。在其他部门这个术语可能有不同的应用。

合作的理念如何在建设韧弹性中发挥作用呢？ Merriam-Webster 定义的“合作”指的是“与他人共同工作或尤其是以心智尽力”和“使原本没有直接联系的机构或部门共同合作”[22]。人类事务（和他们的历史）能够用合作的方式来理解。人类未来的处境和前景不仅取决于人口统计学、地理、经济的增长和性质、科学技术进步，还有历史上关键时刻与英雄个体的出现相结合。他们至少要平等地衡量机构人员、机构和机构部门间在从地方到区域、国家和全球范围内共同关心的各类问题和愿景上是如何参与和共同工作的。合作的概念是一个组织原则或观察社会的视角，并建议事情如何完成（Wright, 2001）。

不可避免和有时不可预测的极端自然事件可能导致灾难，这是由于人们制订关于社会土地使用和发展、公众安全与健康、经济增长、环境保护和地缘政治稳定的决策所引发的（例如，Mileti，1999）。然而，采用适当的决策和准备，就有可能避免或减轻灾害。韧弹性社会将能预料的事件纳入到规划和行动。研究和从业人员越来越重视合作与灾害的交叉，更加关注公私合作来建设社区灾害韧弹性（CARRI，2009）。

1.7 委员会完成任务的方法

最近流行的著作《建在地狱里的天堂》：从灾难崛起的非凡社区（Solnit, 2009）描述了灾难如何成为社会转型的熔炉。该委员会的任务是确定如何鼓励社区的转型，纠正资源缺陷，采取有利的公共政策，并在灾害来临前采用实际的手段充分发挥功能性社区的伙伴关系。为了确定如何达到这一目标，作为委

[22] 见 www.merriam-webster.com/dictionary/collaboration (2010 年 5 月 25 日访问).

员会职责的组成部分，委员会召开了一次国家级研讨会，聚集了来自盈利性组织、各级政府的研究人员和其他人士、公民和志愿者组织，让他们积极参与到社区灾害韧弹性的合作方式中 (NRC, 2010a)。委员会另外举行了三次会议来获取信息和研讨。附录 B 提供了所有公开会议的议程。

研讨会的目的是引起关于公私伙伴关系的最佳思考，作为提高受自然和人为灾害影响最严重的层面增强社区韧弹性的手段。研讨会的讨论在委员会制订建议方面起到了至关重要的作用。不同的利益相关者参与讨论有助于发现一些可检验的最佳做法，这些实践已被应用于众多跨部门和超管辖边界的成功伙伴关系。

委员会制定了一些推定原则，成为这次研讨会的组织主题：

◉ 合作对于社区灾害韧弹性是至关重要的。

◉ 公私部门合作应包括跨辖区组织、多元化的产业部门、非政府组织和社区的所有要素，而不仅仅是政府和盈利部门。

◉ 社区灾害韧弹性对于灾前、灾后规划和行动、从减灾到长期恢复的全过程是必要的。

委员会成员希望通过研讨会的讨论和从业人员、社区领导及主题专家的证据，检验这些主题是否是经验和实践的共同点。像研讨会报告记录的那样，该研讨会确认了这些原则（NRC，2010a）。来自全国各地的社区、学术机构、专家对韧弹性如何在区域和地方一级推进有类似的看法。

这项研究是国家研究委员会承担的与韧弹性有关的众多活动之一（例如，国家地震韧弹性：研究、实施和推广[23]；NRC，2006, 2007, 2009；Magsino,

[23] 见译者原注《参见灾害风险防控与应急译丛——国家地震韧弹性：研究、实施和推广》

2009；McCoy and Salerno，2010）。美国国家科学院下属的医学研究院（IOM）已经讨论了公共卫生应急和社区韧弹性的问题。在关于公共卫生系统应急准备和响应研究优先事项的报告中，医学研究院已呼吁进行有关研究：（1）改进公共卫生准备培训的设计与实施；（2）改进与不同受众有效交流信息的通信；（3）可持续准备和响应系统，以确定影响社区成功响应公共卫生后果的因素；（4）衡量公共卫生应急准备、响应和恢复有效性、效率的标准和指标 (IOM, 2006)。

委员会发现：必须建立有效的公共卫生防备系统组织和运作，以应付各种危险 - 全危险方法，包括灾难性健康事件。包括州、当地、部落和联邦公共卫生机构；来自应急响应和医疗保健系统的从业人员；社区、国土安全和公共安全、保健服务系统、雇主和企业、媒体、学术界和个人公民……公共卫生应急在规模、时间、可预测性各不相同，并且在超过常规能力和中断日常生活和医疗保健服务的供应潜势方面更是不同（IOM, 2006: 13）。

然而，这项研究首次把重点放在社区一级的韧弹性上，特别是公私合作在增强社区一级灾害韧弹性的角色。

1.8 报告结构

本报告为读者提供了基于社区一级聚焦韧弹性的公私合作概念框架，并且为如何建立这种合作提供了指导。第 2 章提供了公私合作的理论基础，列出了委员会关于韧弹性合作的基本假设和理由、委员会的框架、最后的概念模型，概述了聚焦韧弹性公私合作的主要内容。还讨论了如何在跨越当地、州和国家公私部门组织的多层次环境下开展当地或社区一级的合作。第 3 章提供了制定、实施和评估各级合作的指导原则。第 4 章总结了包括增加弱势群体能力与参与在内的公私合作形成与保持、风险和不确定性的感知、合作规模、信任和信息共享、利益分歧、缺乏协调和结果措施方面的挑战。第 5 章指出委员会确认的增加关键性知识和理解的研究，以便为形成、保持和支持公私合作的战略提供信息。

参考文献

Beach, D. 2002. *Coastal Sprawl: The Effects of Urban Design on Aquatic Ecosystems in the United States*. The Pew Charitable Trusts. April 8. Available at www.pewtrusts.org/our_work_report_detail.aspx?id=30037 (accessed June 20, 2010).

Bell, R. 2006. *Disasters: Wasted Lives, Valuable Lessons*. Wyomissing, PA: Tapestry Press.

Bilham, R. 2009. The Seismic Future of Cities. Twelfth Annual Mallet-Milne Lecture. July 17. *Bulletin of Earthquake Engineering*. DOI 10.1007/s10518-009-9147-0. Available at cires.colorado.edu/~bilham/MalletMilneXIIBilham.pdf (accessed June 20, 2010).

Bonvillian, W. 2004. Meeting the New Challenge to U.S. Economic Competitiveness. *Issues in Science and Technology*. Available at www.issues.org/21.1/bonvillian.html (accessed June 20, 2010).

Brandon, J. 2010. GPS Jammers Illegal, Dangerous, and Very Easy to Buy. March 17. Available at www.foxnews.com/ scitech/2010/03/17/gps-jammers-easily-accessible-potentially-dangerous-risk/ (accessed September 14, 2010).

CARRI (Community and Regional Resilience Institute). 2009. Toward a Common Framework for Community Resilience. Draft in progress. Presented to the Community and Resilience Roundtable, Washington, DC, December 1.

Consumer Reports. 2009. "Boom time for cybercrime." *Consumer Reports Magazine*. June. Yonkers, NY: Consumers Union of U.S., Inc. Available at www.consumerreports.org/cro/magazine-archive/june-2009/electronics-computers/state-ofthe-net/overview/state-of-the-net-ov.htm (accessed September 10, 2010).

CRS (Congressional Research Service). 2006. Federal Emergency Management Policy Changes after Hurricane Katrina: A Summary of Statutory Provisions. November 15. Washington, DC: Congressional Research Service. Available at www.fas.org/sgp/crs/homesec/RL33729.pdf (accessed June 20, 2010).

D&B (The Dun & Bradstreet Corporation). 2010. 2010 Deepwater Horizon Oil Spill: Preliminary Business Impact Analysis for Coastal Areas in the Gulf States. June 7. Available at www.dnbgov.com/pdf/DNB_Gulf_Coast_Oil_Spill_Impact_Analysis.pdf (accessed September 7, 2010).

DHS (Department of Homeland Security). 2009. National Infrastructure Protection Plan: Partnering to Enhance Protection and Resiliency. Washington, DC: U.S. Department of Homeland Security. Available at www.dhs.gov/xlibrary/assets/NIPP_Plan.pdf (accessed August 5, 2010).

Dewan, S. 2008. Tennessee Ash Flood Larger than Initial Estimate. The New York Times. December 26. Available at www.nytimes.com/2008/12/27/us/27sludge.html (accessed Feb. 26, 2010).

Edwards, W. 2009. Engaging the full-fabric of communities. *CARRI Blog*. Oak Ridge, TN: Community & Regional Resilience Institute. Available at blog.resilientus.mediapulse.com/2009/07/09/engaging-the-full-fabric-of-communities/ (accessed June 24, 2010).

FEMA (Federal Emergency Management Agency). 2005. "Chapter 1 – Introduction to Crisis, Disaster, and Risk Management Concepts." *Emergency and Risk Management Case Studies Textbook*. Emmitsburg, MD: Emergency Management Institute. Available at training.fema.gov/EMIWeb/edu/emoutline.asp (accessed June 20, 2010).

FEMA (Federal Emergency Management Agency). 2008. National Response Framework. Washington, DC: U.S. Department of Homeland Security. Available at www.fema.gov/pdf/emergency/nrf/nrf-core.pdf (accessed March 11, 2010).

Haddow, G. and J. Bullock. 2005. The Future of Emergency Management. June. Washington, DC: Institute for Crisis, Disaster and Risk Management, George Washington University. Available at www.training.fema.gov/emiweb/edu/docs/emfuture/Future%20of%20EM%20-%20The%20Future%20of%20EM%20-%20Haddow%20and%20Bullock.doc.

IOM (Institute of Medicine). 2006. Modeling community containment for pandemic influenza: A letter report. Washington, DC: The National Academies Press. Available at http://www.nap.edu/catalog.php?record_id=11800 (accessed September 10, 2010).

IPCC (Intergovernmental Panel on Climate Change). 2007a. *Climate Change* 2007: *Synthesis Report*. Geneva, Switzerland: Intergovernmental Panel on Climate Change. Available at www.ipcc.ch/publications_and_data/publications_ipcc_ ourth_assessment_report_synthesis_report.htm (accessed June 20, 2010).

IPCC (Intergovernmental Panel on Climate Change). 2007b. *Climate Change* 2007: *The Physical Science Basis—Summary for Policymakers and Technical Summary*. Cambridge, UK: University Press. Available at www.ipcc.ch/publications_and_data/ar4/wg1/en/contents.html (accessed June 20, 2010).

IPCC (Intergovernmental Panel on Climate Change). 2008. *Climate Change and Water*. Geneva, Switzerland: Intergovernmental Panel on Climate Change. Available at www.ipcc.ch/meetings/session28/doc13.pdf (accessed June 30, 2010).

ITC (International Trade Centre). 2010. The Impact of European Airspace Closures on African Horticultural Exports. Geneva, Switzerland. Available at www.intracen.org/docman/PRSR15431.pdf (accessed July 19, 2010).

Jones Kershaw, P., ed. 2005. Creating a Disaster Resilient America: Grand Challenges in Science and Technology: Summary of a Workshop. Washington, DC: The National Academies Press.

Leonard, H. B. 2010. Creating a Better Architecture for Global Risk Management: A Proposal to the World Economic Forum Global Redesign Initiative. Global Agenda Council on Catastrophic Risks, World Economic Forum. Available at www.hks.harvard.edu/var/ezp_site/storage/fckeditor/fle/pdfs/centers-programs/programs/crisis-leadership/GAC%20Catastrophic%20Risks%202009%20White%20Paper.pdf (accessed

September 5, 2010).

Leonard, H. B. and A. M. Howitt. 2010. Chapter 2: Acting in Time Against Disaster. In *Learning from Catastrophes: Strategies for Reaction and Response*. Eds. H. Kunreuther and M. Useem. Upper Saddle River, NJ: Wharton Press School Publishing, 2010.

MacAskill, E. 2010. Washington DC paralysed by snow for fifth working day in a row. Guardian.co.uk. Available at www.guardian.co.uk/world/2010/feb/11/washington-snow (accessed June 30, 2010).

Magsino, S. 2009. *Applications of Social Network Analysis for Building Community Disaster Resilience: Workshop Summary*. Washington, DC: The National Academies Press.

Markham, V. D. 2008. U.S Population, Energy & Climate Change. New Canaan, CT: Center for Environment and Population. Available at www.cepnet.org/documents/USPopulationEnergyandClimateChangeReportCEP.pdf (accessed February 26, 2010).

Mason, B., ed. 2006. Community Disaster Resilience: A Summary of the March 20, 2006 Workshop of the Disasters Roundtable. Washington, DC: The National Academies Press.

McCoy, M. A., and J. A. Salerno. 2010. *Assessing the Effects of the Gulf of Mexico Oil Spill on Human Health: A Summary of the June 2010 Workshop*. Washington, DC: The National Academies Press.

Mettler, F. A. 2006. Chernobyl's Living Legacy. *IAEA Bulletin* 47(2). Available at www.iaea.org/Publications/Magazines/Bulletin/Bull472/pdfs/chernobyl.pdf (accessed June 8, 2010).

Mileti, D., 1999. *Disasters by Design: A Reassessment of Natural Hazards in the United States*. Washington, DC: The Joseph Henry Press.

Molinari, N.-A. M., I. R. Ortega-Sanchez, M. L. Messonnier, W. W. Thompson, P. M. Wortley, E. Weintraub, and C. B.Bridges. 2007. The annual impact of seasonal influenza in the US: Measuring disease burden and costs. *Vaccine* 25(27): 5086-5096.

Munich Re. 2009. TOPICS GEO Natural catastrophes 2009: Analyses, assessments, positions. U.S. Version. Munich, Germany.

NGA (National Governors Association). 1979. Comprehensive Emergency Management: A Governor's Guide. Washington, DC: NGA. Available at training.fema.gov/EMIWeb/edu/docs/Comprehensive%20EM%20-%20NGA.doc (accessed June 20, 2010).

The 9/11 Commission. 2004. The 9/11 Commission Report: Final Report of the National Commission on Terrorist Attacks Upon the United States. Washington, DC: U.S. Government Printing Office. Available at www.9-11commission. gov/report/911Report.pdf (accessed August 4, 2010).

Norris, F. H., S. P. Stevens, B. Pfefferbaum, K. F. Wyche, and R. L. Pfefferbaum. 2008. Community resilience as a metaphor: Theory, set of capacities, and strategy for disaster readiness. *American Journal of Community Psychology* 41(1-2):127-150.

NRC (National Research Council). 1998. *Toward an Earth Science Enterprise Federation: Results from a Workshop*. Washington, DC: National Academy Press.

NRC (National Research Council). 2002. *Coal Waste Impoundments: Risks, Responses, and Alternatives*. Washington, DC: The National Academies Press.

NRC (National Research Council). 2003. *Oil in the Sea III: Inputs, Fates, and Effects*. Washington, DC: The National Academies Press.

NRC (National Research Council). 2006. *Facing Hazards and Disasters*: *Understanding Human Dimensions*. Washington, DC: The National Academies Press.

NRC (National Research Council). 2007. *Improving Disaster Management: The Role of IT in Mitigation, Preparedness*, *Response, and Recovery*. Washington, DC: The National Academies Press.

NRC (National Research Council). 2009. *Severe Space Weather Events—Understanding*

Societal and Economic Impacts: A Workshop Report. Washington, DC: The National Academies Press.

NRC (National Research Council). 2010a. *Private–Public Sector Collaboration to Enhance Community Disaster Resilience: A Workshop Report*. Washington, DC: The National Academies Press.

NRC (National Research Council). 2010b. *Adapting to the Impacts of Climate Change*. Washington, DC: The National Academies Press.

NSF (National Science Foundation). 2003. Revolutionizing Science and Engineering Through Cyberinfrastructure: Report of the National Science Foundation Advisory Panel on Cyberinfrastructure. Arlington, VA: NSF. Available at www.nsf.gov/od/oci/reports/toc.jsp (accessed September 10, 2010).

OCIPEP (Office of Critical Infrastructure Protection and Emergency Preparedness). 2003. Threat Analysis: Threats to Canada's Critical Infrastructure. No. TA03-001. March 12. Available at www.publicsafety.gc.ca/prg/em/ccirc/_fl/ta03-001-eng.pdf (accessed September 10, 2010).

O'Rourke, T. D. 2007. Critical Infrastructure, Interdependencies, and Resilience. The Bridge. Volume 37(1). Available at www.caenz.com/info/RINZ/downloads/Bridge_Article.pdf (accessed June 20, 2010).

Rubin, C. B., ed. 2007. *Emergency management: The American experience,* 1900-2005. Fairfax, VA: Public Entity Risk Institute.

Solnit, R. 2009. *Paradise Built in Hell: The Extraordinary Communities that Arise in Disaster*. London, UK: Viking Press.

Swiss Re. 2010. Natural catastrophes and man-made disasters in 2009. *Sigma No*. 1/2010. Zurich, Switzerland: Swiss Reinsurance Company Ltd.

Thomalla, F., T. Downing, E. Spanger-Siegfried, G. Han, and J. Rockströom, 2006. Reducing hazard vulnerability: towards a common approach between disaster risk reduction and climate adaptation. *Disasters* 30(1): 39-48.

Topping, K. 2009. Toward a National Disaster Recovery Act of 2009. *Natural Hazards Observer* 33(3): 1-8. Available at www.colorado.edu/hazards/o/archives/2009/jan_observerweb.pdf (accessed June 20, 2010).

UNSCEAR (United Nations Scientific Committee on the Effects of Atomic Radiation). 2000. Annex J: Exposures and effects of the Chernobyl Accident. In *Sources and Effects of Ionizing Radiation*, Vol. II: Effects. Available at www.unscear.org/docs/reports/annexj.pdf (accessed July 20, 2010).

USGS (U.S. Geological Survey). 2010. Eyjafjallojökull, Ash, and Eruption Impacts. Available at volcanoes.usgs.gov/publications/2010/iceland.php (accessed June 24, 2010).

Volpe Center. 2001. Vulnerability Assessment of the Transportation Infrastructure Relying on the Global Positioning System: Final Report. Prepared for the Office of the Assistant Secretary for Transportation Policy, U.S. Department of Transportation. Available at ntl.bts.gov/lib/31000/31300/31379/17_2001_Volpe_GPS_Vulnerability_Study.pdf (accessed September 15, 2010).

Wenger, E. 1998. *Communities of Practice: Learning, Meaning, and Identity*. Cambridge, UK: Cambridge University Press.

Whittaker, H. 1978. State comprehensive emergency management: fnal report of the Emergency Preparedness Project. Washington, DC: Center for Policy Research, National Governors' Association.

Wirtz, A. 2010. Careful Data Management. *D+C Development Cooperation* 51(5): 240-242. Available at www.inwent.org/ez/articles/174547/index.en.shtml (accessed June 24, 2010).

Wright, R. 2001. *Nonzero: The Logic of Human Destiny*. London, UK: Vintage Books.

第 2 章　聚焦韧弹性公私合作网络的概念框架

委员会的职责包括制定增强社区灾害韧弹性的公私合作框架。任何简单的模板或清单都不能充分解决全国所有社区合作的各种需要或面临的各种威胁。因此，委员会设法制定总体概念框架，为合作工作的最佳实施提供背景。本章阐述的框架侧重于鼓励和支持公私合作的组织层面和建立有效的社区合作制度化流程及策略。为创建框架，委员会研究了理论概念、模型和相关文献。由此产生的概念模型是本报告后面提供的具体指导方针和示例的基础。

本章介绍了三个主题。第一个是聚焦建设社区韧弹性公私合作的理论需求。委员会描述了其理论框架所依据的假设，讨论了合作在全面应急管理和能力建设中的作用，并解释了社区灾害韧弹性的含义。第二个主题是成功合作的理论基础。本章深入探讨如创建激励机制、规划视角和分散决策过程的优势等概念，还讨论了参与层次。最后一个主题是委员会聚焦韧弹性公私合作的概念模型，并描述了其中的要素。第 3 章将介绍框架的组织层面。

2.1　形成概念框架的基本原则

指导本报告的总体概念框架源于若干与灾害有关的学科研究和委员会在研讨会上收到的指导意见（NRC，2010）。框架基于以下假设：

⊙ 灾害韧弹性与社区韧弹性密切相关，包括经济、环境、健康和社会公正因素。

⊙公私合作是以合作关系为基础，即两个或多个私人和公共实体通过对相同目标的共同追求，协调使用互补资源。

⊙有效的合作理想地涵盖社区的完整结构，并且是各行各业的代表，包括少数民族、贫困或被剥夺公民权的人群、儿童和老年人，因此社区参与方法是取得聚焦韧弹性合作的根本。

⊙全面应急管理原则，包含全危险方法，指导聚焦韧弹性合作建设工作。

委员会采用的框架假定灾害韧弹性与更广泛的能力建设策略密切相关，旨在实现长期的社区和环境可持续性。灾害韧弹性和可持续性的关系直接成比例：在灾害中遭受重大损失的社区几乎不关注总体可持续性问题，而积极规划更可持续未来的社区更有可能实现灾害韧弹性。因此，如果将聚焦韧弹性的合作建设与更广泛的社区功能（如公共卫生和安全、经济可行性、住房质量、基础设施发展和环境质量）相结合，那么这可能是最有效的。正如多个研讨会与会者所指出的，社区韧弹性涉及的不仅仅是灾害响应（NRC，2010）。

为什么合作?

注重制度形式演进的学术强调单纯的大公司或庞大的政府机构很少从事货物和服务的生产、交付等活动。相反，拥有或管理不同类型资源的各缔约方协同工作，生产货物，并提供服务。

同样地，社会趋势会影响减灾的努力。以国土安全领域为例，国土安全部负有保护美国关键基础设施的法定责任，但大量的关键基础设施由私人实体拥有和管理[1]。保护只有通过政府与私人实体的合作才能实现。在城市和县两级，

[1] 据估计，美国约有 80% 的关键基础设施是私人的。(DHS, 2009;TISP, 2006).

各种公共机构如地方应急管理机构和警察、火灾和应急医疗服务机构，都有特定响应的相关职能，但他们不能独自实现目标。依赖私人实体如私人医院、杂物清理承包商、红十字会、救世军、其他向灾民提供救助的非盈利实体和私人所有的实体，是必不可少的。

公共政策学者也注意到总是解决大型复杂问题，特别是那些可以被归类为“棘手问题”（如 Rittel and Webber, 1973; Rayner, 2006）需要合作方法。棘手问题拥有若干特点：它们是极端复杂的，提供解决方案的人常否定，很难分步解决这些问题的不同方面是由于这些问题紧密交织在一起，它们不会一劳永逸地被解决掉。分析人士指出，棘手问题往往是难以解决的，因为应提供解决方案的各方经常是制造问题的那些人。棘手问题的规模和复杂性要求各机构、组织、部门、司法管辖区、学科和专业领域间的合作。棘手问题的例子有气候变化、国土安全和减灾有关的问题。

尽管各组织越来越依赖合作来实现自己的目标，并解决棘手问题，但合作者仍然是独立行动者，一般不能强迫彼此合作。相反，潜在的合作伙伴进行互动，增加了解，并在合作之前权衡与其他各方的成本和收益，然后为他们的合作活动制定适当的治理形式。

企业和其他私人组织是美国经济的基础。关键的基础设施供应商既提供如电力、水、天然气等生命线服务，又提供银行金融服务、信息技术、电信服务、交通运输、食品、农业服务和卫生保健服务。离开这些服务，美国的社区将无法运转。成功提供这些服务和许多私人部门组织的成功往往取决于物流和供应链管理效率。因此，代表企业利益的大、小企业和组织成为社区社会结构的关键因素。与非政府 (NGOs)、私人志愿和基于信仰的组织合作有助于政府机构的能力建设。私人部门的所有成员都是成功建设社区韧弹性工作的平等伙伴，因为每个社区他们都发挥作用。

公私合作的需要直接关系到美国和世界的治理。当代发达社会是多元的、复杂的，并且在很大程度上靠信息驱动。他们明显不同于以工业时代为特征的官僚机构和层次结构（Agranoff and McGuire, 2003）。他们需要社会机构的工作协调和合作。外包和承包在政府提供服务方面成为普遍现象；这些做法将私人和公共部门的执行者聚集在复杂的关系中。快速的经济和技术进程要求企业在形成联盟和合资企业时灵活多变（Moynihan，2005）。合作对于提供所有类型的货物和服务以及共同福利，包括社区灾害韧弹性，是至关重要的。

合作安排的出现是因为认识到个人和集体目标更可能通过合作而不是独立的努力来实现。合作建立在信任关系、信息共享、激励和共同目标之上，因此，在命令控制的环境中促进和维持有效的合作是具有挑战性的。合作的好处得到了广泛的证明，关于合作管理（如 McGuire, 2006）、公共管理（如 Vigoda, 2002）和合作应急管理（如 Waugh and Streib, 2006）方面有大量的文献。委员会认为这些领域制定的原则和方法，在塑造增强韧弹性合作、战略和目标方面是至关重要的。

全面应急管理合作

委员会审议了关于社区参与战略和进程的文献，包括公共卫生和环境保护等学术领域。这些学科的经验教训对减少灾害损失具有意义。在全面应急管理原则的指导下，合作可能侧重于建设社区一级韧弹性应对各种破坏性事件，即从最有可能发生到罕见的、最糟糕的事件。委员会认识到特定类型的危险，如大流行性流感、生物恐怖和化学危险可能需要专业能力和在已有网络中开发专业的合作网络。但是委员会认为，为应对最常见破坏做好准备的社区，也更有可能应对不寻常的威胁。同时，委员会提倡那些具有众所周知但可识别风险的社区进行专门规划，如接近核设施或化学设施的风险。

委员会还认为，合作框架通过事前致力于长期恢复的减灾措施来应对全灾害周期的挑战，最有可能在建设韧弹性方面取得成功。委员会认识到，并非每个社区都能承担灾害管理的所有阶段，有些可能关注灾害周期的一个或两个要素。然而，重要的是要认识到灾害周期的各个阶段是如何联系起来的，并据此规划。

合作和能力建设

公私部门合作是社区能力建设必不可少的组成部分。合作关系经常开始于认识到有特定社区需求的当地组织者。只有动员社区的关键领导和利益相关者才能持续这一进程。促进信息共享的交流战略和机制对于扩大到更广泛的社区合作至关重要。使用交流工具的培训计划和如何促进社区合作的培训可能对组织者有用。

灾害韧弹性背景下的社区

有效的聚焦韧弹性合作网络代表他们所服务的社区，但也可以与社区以外的个人和组织协调。理想情况下，合作包括来自各行各业的代表；地方、州和联邦机构，小型和大型企业，非营利和基于信仰的组织，学者、研究人员和教育机构，大众媒体，公民和邻里组织，技术专家，志愿者和其他不同社区利益相关者。富人和穷人，政治上有影响的人和没影响的人，大众和少数民族同样也参与进来。确定社区中所有选区的关键联络点使得沟通和宣传最有效。这样做有助于识别和调动不同观点和能力的群体，以充分应对各种挑战，并为能力建设提供资源。

某些社区可能没有可用的特定资源，这证实了扩大社区范围超出管辖范围或地理界限的重要性。当一个社区需要特定资源时，合作网络可能会扩大，纳入区域利益相关者来弥补差距。灾害不顾司法管辖和地理边界，因此社区在建设灾害韧弹性时，将因超越这些边界而受益。

灾难管理是一个整体功能，如果它不让社区的完整组织参与进来，就不能成功。William Waugh，应急管理专家，在众议院的一个小组委员会上宣称，国家应急管理系统是由当地应急管理办公室、响应机构、基于信仰和其他的社区组织组成的。让由私人、公共和非营利组织组成的网络参与其中是必要的（Waugh，2007）。他还指出，应急期间的激增能力通常由临时志愿者团体和个人志愿者提供。

美国在应急管理方面有着悠久的志愿服务历史，应该始终期望志愿者成为我们灾害响应行动中的重要组成部分。现在大多数消防部门仍然是志愿者组织。大多数搜索和救援是由邻居、家人和朋友完成的。基于信仰的社区团体和世俗的社区团体越来越多地拥有自己的救灾组织，这些组织的能力正在迅速增加。关键是，我们已经拥有了处理大小灾害的系统，这系统很大程度上依赖当地资源和能力。

长期以来，美国一直是人民和团体自愿行动实现社区目标的国家。比如，富兰克林•本杰明，他相信志愿合作行动对社区有益，于是在宾夕法尼亚费城建立了第一个志愿者消防部门、公共借阅图书馆和火灾保险公司（Heffner，2001）。他的作品可能已影响其他人，如亚历西斯•德•托克维尔，他在 1830

年初正式和非正式的会议中写到市民参与社区活动的环境。公民参与和合作的原则与构成民主基础本身的原则相同（Pickeral，2005）。合作网络是让社区完整组织参与的途径，只有这样做，才使灾害韧弹性更容易实现。

根据社区韧弹性定义灾害韧弹性

通过有意识的努力，让社区变得更有灾害韧弹性。通过解决经济、社会和环境问题的广泛努力能最好地实现社区灾害韧弹性。脱离更广泛的社区利益，灾害韧弹性很难实现的。然而，为了优化社区灾害韧弹性，社区利益相关者必须对社区灾害韧弹性的构成达成共识。报告这部分中，委员会描述了社区灾害韧弹性与社区韧弹性间的关系以及如何通过公私合作来实现这种关系。

几乎没有经验证据表明，纳入常规能力建设战略（包括加强社会资本进入社区规划）的社区比他们的对手有更强的灾害承受能力。然而，与社会资本和经济相关领域的研究表明，社会资本对组织性能是至关重要的（如 Burt，2000）。网络化和社会资本控制了谁有机会得到信息以及信息什么时候可以优先使用。委员会将这种关系扩展到社区和灾害期间、之后的表现。

关系良好的社区可能更愿意在危机情况下与利益相关者信息共享。策略性地这么做极有可能改进利益相关者的韧弹性。社区认识到合作对于各种目的能力建设具有价值，其特点是民间社会、政府和私人部门组织坚定积极地参与。委员会信息收集研讨会与会者强调了这一概念。为改善社区居民的社会和经济福利而开展更多常规活动的同时，灾害韧弹性成为其副产品。准备应对逆境和生存是健康社区的先决条件。Ron Carlee，弗吉尼亚州阿灵顿县的前任管理者，现任国际市 / 县管理协会委员会首席运营官和战略举措主任，在委员会举办的研讨会上强调指出："韧弹性不只为灾害……我们需要建立保障日常生活质量的功能社区"（见专栏 2.1）。

专栏 2.1　韧弹性：不只为灾害

习惯分派别的、离散的、公私机构互不信任的社区遇到灾害时不可能成为合作的典范。最有可能实现韧弹性的社区：

- ⊙ 致力于社会公平和包容
- ⊙ 在经济和环境上可持续
- ⊙ 建立一个由公共、非营利、私人机构和居民共同分享的愿景
- ⊙ 有地域自豪感
- ⊙ 围绕价值和目标团结人民

来源：R. Carlee, Arlington County, Presentation to the Workshop on Private–Public Sector Collaboration to Enhance Community Disaster Resilience, Sept. 10, 2010.

灾害韧弹性作为社区功能的正常组成部分，准备、规划响应和恢复最有可能发生的灾害。响应和恢复考虑社区的完整组织，并让其受益，使全体人口努力参与提高韧弹性。居民、组织和社区伙伴共同合作引领，识别与韧弹性有关的网络和系统，与之连接，实现韧弹性。如《国家响应框架》（FEMA，2008）所述，地方社区最终负责管理危险和灾害，这一责任要求公私部门、基于信仰的组织和非营利机构的所有社区利益相关者参与其中（FEMA，2008）。尽管州和国家一级的领导和激励可能有助于社区转变为灾害韧弹性，但社区韧弹性当从基层开始追求，并由当地领导和管理，并包括社区的完整组织时，它才是更有可持续性的。

动员社区走向韧弹性

创建灾害韧弹性社区面临诸多挑战。在弱势群体或经济危机时期，日常生存常常优先于低概率自然灾害的规划。2010 年海地和智利地震影响的对比生动地显示了建设韧弹性的重要性（见专栏 2.2）。海地的破坏规模远远超过智利，很大程度上是由于已知风险的预先准备水平。

专栏 2.2　海地和智利地震

2010 年海地和智利地震说明了备灾是如何改变类似灾难事件结果的。智利的地震及其诱发海啸虽然严重，但并非罕见，由于该地区自 1973 年以来经历了 13 次 7 级或以上的地震。该国对这次事件作了比较充分的准备。相比之下，海地人基本上没意识到地震的风险。尽管该地区过去发生了 1860 年大地震，但贫困、糟糕的建筑设计和施工以及缺乏建筑标准，导致该国遭受了巨大损失。这两次地震影响了大约 180 万人。然而，尽管海地地震的强度（震级 7.0）远低于智利（震级 8.8），但海地的生命损失更大。据估计，海地地震造成的死亡人数为 222000 人，而智利为 521 人。

社区组织方法或许是成功动员社区走向韧弹性的方式。Minkler and Wallerstein（1999:30）将社区组织化定义为“帮助社区群体确认共同的问题或目标，调动资源，并以其他的方式发展实施达到他们共同制定目标的策略过程”。Claudia Albano，加利福尼亚州奥克兰市社区倡导者将社区组织化定义为

“使人们共同工作推进社会正义事业的方法”[2]。她指出四个有助于提高社区(特别是在有其他紧迫问题的社区)韧弹性的组织化目标:赢得人民生活的具体改善;让人民能够代表自己有效地发言和行动；有效体制变革；发展有效发挥社区力量的组织。让社区在处理灾害和其他社区问题时确定自己的优先事项，可部分实现可持续性的灵活性。

2.2 成功聚焦韧弹性合作的原则

本章前一节讨论了聚焦韧弹性合作的理论必要性。本节开始描述成功合作本身的理论基础。

确定和创造激励机制

各国政府通常认为任务和条例是克服合作障碍和提供激励的手段。例如，1986 年超级基金修正案[3]要求社区建立当地应急规划委员会，其代表来自化学公司、公共安全机构和其他机构，用于保护社区免受有毒有害化学污染的恶果。这样的法律要求冒着强迫合规或仅为形式的风险，并非实质性的合作。委员会信息收集研讨会与会者讨论了这一点，特别是 Emily Walker 根据美国恐怖袭击全国委员会（也称为 9 · 11 委员会[4]）建议提供的响应陈述，为国家应急准备标准和建立企业韧弹性认证和认证计划提供了基础（NRC，2010）。美国社区在许多方面极为多样化，包括人口、地理、经济驱动力、社会和文化因素、政治气候和民用基础设施。这巨大的差异对于强制或指定单一的方法来聚焦韧弹

[2] C. Albano, 奥克兰市，研讨会的发言，2009 年 10 月 19 日 .

[3] 见 www.epa.gov/superfund/policy/sara.htm 研讨会的发言，2009 年 10 月 19 日 . (2010 年 3 月 12 日访问).

[4] 见 www.9-11commission.gov/ (2010 年 6 月 9 日访问).

性合作的做法值得反思。

首先，在达到社区目标的过程中，如果合作价值得到证明和参与者获得激励，那么合作就成功了。对商业企业底线和投资回报的影响是重要的激励因素，但建立可信网络的能力也是如此，以确保与其他社区利益相关者更好地协调，并获得信息，从而实现准确的风险和收益分析和更有效的业务连续性规划。参与可以成为组织良好的公共关系，从而赢得更多人认可该组织在社区所起的领导作用。正如经济学家 Mancur Olson（1965）45 年前强调的，如果合作活动旨在提供公共服务，比如环境设施、总体环境质量、公众健康和安全、灾害防御，那么提供激励的合作是特别具有挑战性的。这些都是将来可以享受的利益，即使是那些没有努力实现或维护这些利益的人。奖励措施是克服人民“坐等”的趋势所必需的。

创建合作的努力往往集中在提供公共产品上，并为那些同意合作的人为提供“选择性激励”。降低参与合作关系成本的激励措施可以有效地克服“搭便车”，但委员会注意到，激励小企业主参与的动机可能并不构成对基于信仰的组织或一个大公司分公司的成功激励。需要制定不同的战略，鼓励社区各界的参与，包括潜在的非灾害相关利益。

最终，许多参与者将受到切身利益、业务连续性的关注和为公众服务愿望的驱动。鼓励利益相关者自问，比如：如果我们不为灾害规划将会怎么样？还有我们能否承担不具有韧弹性投资的“保险”？这或许帮助指导他们考虑切身利益，参与到聚焦韧弹性的公私合作中。

采取合适的规划视角

由于社区优先事项、脆弱性、文化和资源的不同，合作的目标必然会因社区而异。因此，不可能设计出一种应用于所有社区都成功的合作模式。如果社区韧弹性目标认可在灾害周期每个阶段提前确定需求的重要性，合作将很可能成功。聚焦韧弹性合作的成功取决于灾害响应和恢复的提前规划。采用合适的规划观点需要资源和战略的系统确认，用于考虑土地利用规划、公共备灾教育以及可能发生短期和长期灾害恢复。规划的灵活性至关重要，因为灾难不按规划发生。将灵活性纳入合作努力还将使社区能够应付突发的灾害，因为网络和资源准备就位。虽然灵活性是成功合作的重要组成部分,但通常意义的韧弹性－合作关系创建如果不是流于形式，那么灾难发生时将更有效和可持续。流于形式的合作并不能从系统规划和规划产生的信任纽带中获益。

讨论分散和集中决策

社区建设灾害韧弹性的能力与社区所有成员（个人和组织）如何参与合作并从结果中受益相关。在合作的形成阶段,制订不同参与者角色和职责的决策。形成、保持和维护有效的跨部门关系和执行集体决定的活动是艰巨但并非不可能的挑战。集中和分散的灾害韧弹性组织化合作具有不同的优点。

对现实世界伙伴活动的研究提供了一些关于如何组织合作的认识，但目前还没有关于聚焦灾害韧弹性合作的研究。对涉及“项目影响（Project Impact）”的社区评价（见专栏 1.2）提供了关于聚焦灾害韧弹性合作的有效组织模式的相关信息。例如，德拉瓦大学灾害研究中心（DRC）评估了七个“项目影响”试点社区及其网络，重点强调组织化和决策的结构（例如，wachtendorf et al., 2002）。评估发现，地方试点项目拥有不同的集中和分散决策结构以及各式各样的组织结构，从横向到层级的。DRC 还研究了非试点的“项目影响”社区。

在一项涉及 10 种不同规模社区的研究中，社区的组织结构趋向于层级式和集中式，尽管它们以不同的方式组织活动。这种方法在研究阶段看起来有维持成功的势头（wachtendorf，2002b）。

DRC 强调，所涉及的大部分组织对于目标、需求和资源的响应逐渐演变为集中结构（Wachtendorf，2002a）。关于项目这些方面的报告强调，不同的组织形式各有利弊，例如，紧密集中的合作结构提供了更好的问责制优势，但也可能阻碍创新。“项目影响”网络的结构也随着项目成熟、焦点变化以及与其他项目合并而发生变化。

委员会认识到，“项目影响”是一个短期计划，因此，一种组织结构对另一种组织的长期效益不能从对“项目影响”社区的评估中确定。此外，“项目影响”基金还支持社区间的协调职能，其中，一些社区选择了层级和集中机制。因为一种机制运行了一段时间，甚至运行良好，并不意味着它是实现这一目标的“最佳”机制，或是可持续的。鉴于此，委员会转向了集中和分散的其他信息来源。例如：

◉ 经济学家在优化组织内部的激励方面已经做了大量的研究。JáN ZábojníK 研究了集中决策有关的成本（Zábojník，2002）。他的研究表明，对于一个组织，即使经理有更好的信息，让员工选择自己的工作方法比让员工接受自上而下的方法，激励更是有效的。员工士气是他计算的一个因素。

◉ Steven Horwitz 在分析私人部门和美国海岸警卫队对飓风卡特丽娜响应的经验后，建议结构更分散的机构（如美国海岸警卫队）比他们更集中的机构能更好应对飓风卡特丽娜，在很大程度上因为他们更了解所服务的社区和他们的决策结构更快速地响应社区需求（Horwitz, 2008）。

◉ 在论述成功应对灾害响应的关键组织特征时，John Harrald 描述了组织和协调应对极端事件响应的基本要素包括多学科的组合（结构、原则和过程）和灵活性（有创新能力、能随机应变、适应性强）（Harrald, 2006）。Harrald 介绍了几名社会科学家的研究，它们证实了应对灾害响应的适应性、创新性和改进措施的必要性，这更是一个有利于组织学习和决策的分散环境。

委员会审查的大量文献描述了在灾害响应期间如何组织工作或共同工作的优势，例如应对飓风卡特丽娜。这些例子有力地表明在灾害响应期间结构内部分散决策是有效的。尽管这些例子很有用，但他们并没有讨论如何在正常、非灾难时期最好地组织公私合作，正如本报告所倡导的。因此，非灾害相关的文献变得很重要。

委员会随后审议了相关的研究文献、信息收集研讨会期间收到的资料和委员会的建议。委员会的结论为：强调分散决策和横向合作网络的方法，而不是协商一致的结构组织内上下传递的方法，最适合于达到韧弹性目标。得出这个结论的原因如下：横向网络是最符合合作概念的组织形式。正如合作安排旨在实现官僚结构曾经解决的目标一样，网络可以执行一次完成由层次结构执行的功能。虽然有些人可能认为集中式允许更快决策和行动，但集中化组织可能在极为紧张的情况下不太有效（例如，Dynes, 2000）。他们也已经被认为是依赖于核心协调员的技能、知识，甚至是人格（Wachtendorf et al.，2002）。

与此相关的是，组织网络形式类似于美国联邦治理体系的结构。联邦制是一种分权治理形式，它承认各级政府具有独特的资源和权力，国家、区域、州和地方各级的公共机构发展各自独特的合作安排。

作为当代社会的一种力量，分散的网络安排与信息日益增长的重要性是一致的，并非常适合于“信息社会”中的信息共享，而这对知识管理很重要。由于社会和经济的组织方式，网络日益突出。它们也符合《国家响应框架》的意图，该框架设想一种分散的灾害管理方法，并确认当地社区在灾害发生时作为第一道防线。因此，考虑将合作安排和网络中的分散决策作为实现韧弹性目标的手段是合乎逻辑的。这一概念在灾害管理中得到了进一步的支持，其中对当地脆弱性、需求和资源的了解是最重要的。

委员会无法夸大社区利益相关者就合作结构和决策过程灾前达成协议的重要性。如果没有与社区合作网络达成决策的协议或购买服务，决策（特别是那些紧张环境下做出的）可能会遭到抵制或不信任。

允许多层次参与

合作可以以不同的形式出现，包括不同层次的参与。它可以通过简单的网络化、资源协调、信息共享以及正式的结构关系出现。简单的网络化需要参与者的承诺最少，因而需要最少的投资和风险，因为组织保留不同的资源和权力。它只涉及间歇交流信息、共同的认识和理解、共同支持的基础（butterfoss, 2007）。更复杂的网络形式可能包括网络化工具，它允许复杂的系统信息交换。关系通常没有明确定义的结构或任务，但可能涉及特定任务的合作。实体可能出于多种原因进行合作，如信息共享和避免重复劳动。

为参与者的相互利益而建立的复杂目标要求个人或组织之间进行更大的协调，并可能形成更注重特定任务的、正式的长期关系。资源和报酬可以共享，但每个组织保留各自的资源和权力。最高层次的合作可能包括新的结构安排和所有参与者对共同使命的承诺。这种安排有时被称为伙伴关系或联盟。资源可以联合担保或汇集，因而结果和奖励是共享的。权力可以平等或不平等，但所有成员通常对合作进程都有投入。像这样更高层次的关系，除非信任和生产力水平很高，否则无法起作用。

建设社区韧弹性需要各层次合作的持续努力。不同的个人、团体和组织在任何时候都有不同层次的贡献。参与合作的层次取决于是否愿意在为参与者带来利益的基础上承担社区韧弹性的更多义务和风险。随着参与层次的增加，各组织之间的联系变得更加紧密，更受共同目标、决策、规则和参与者所提供资源的影响。根据 Winer and Ray（1994），合作改变了组织共同工作的方式。组织从竞争走向达到共识，从单独工作到包括来自不同文化、领域和环境的其他人，从主要考虑活动、服务和计划到寻求复杂、综合的干预，从注重短期成就到广泛的系统变革。

2.3 概念模型

概念模型允许用户可视化系统元素及他们的关系。同样，路线图表示从一个位置到另一个位置的路线，概念模型从真实世界的系统中进行简化和抽象，描述系统组件之间可能的因果关系，并帮助确定看似独立的系统元素之间的真实关系（Sloman, 2005）。概念模型被鼓励作为规划的起点，例如，美国卫生及人类服务部药物滥用和精神卫生服务管理局采用它指导确定与选择以证据为基础的干预（Center for Substance Abuse Prevention, 2009）。

公私参与的增强社区韧弹性需要概念框架，这反映公私合作的独特特征。委员会制定了基于社区联盟行动理论（CCAT）的增强韧弹性合作的概念模型。CCAT 是由 Butterfoss and Kegler（2002）发展的，现已应用于公共卫生领域。大部分的 CCAT 是从社区发展、社区组织、公民参与、社区营造、政治学、组织间的关系和群体决策中借鉴而来的（Butterfoss，2007）。类似于 CCAT，委员会的概念模型为创建灾害韧弹性社区提供了理论基础，作为社区文化的组成部分，用于启动、维护、建立复杂的合作关系。该模型的目的是供从业者（那些关注社区成果的）和研究人员（那些对单个模型要素使用经验感兴趣的）使用。

概念模型（图 2.1）首先考虑了如何形成聚焦韧弹性的合作，以便让它有效并可持续。根据委员会在其研讨会期间收到的信息和委员会成员的第一手经验，如果基于自下而上的方式和认可合作的需要，可持续合作的可能性更大。对社区进行真实的评估是必要的，以确定共同问题、资源和能力，这些会发挥最大优势建设韧弹性。评价现有的网络是评估的重要组成部分（Milward and Provan, 2006）。选择适合社区的合作方法和模型，允许其灵活性和创造性，但也包括中立的便利机构，负责监督合作活动，寻求资金，以及承担其他日常运作的角色。一旦结构被选择和建立，就需要持续的努力来确保结构仍然是“从事社区业务”中被认可的部分。合作本身重新审视的过程是最好的发展阶段，因为新的合作伙伴被招募，规划被更新，任务、目标和对象被修改。诸如招募和动员成员、改进组织结构、获得资金、建立能力、选择和实施战略、评估成果和精炼战略最好被认为是合作努力正常发挥功能的组成部分，以确保合作的有效性和可持续性。

概念模型对发展聚焦韧弹性合作是至关重要的。该模型符合全面应急管理系统的演变和复杂性质，其元素能够应用于任何合作网络的任何发展阶段。尽管世界各地都有灾难发生，但某一特定社区的灾难可能是后果严重但低概率的

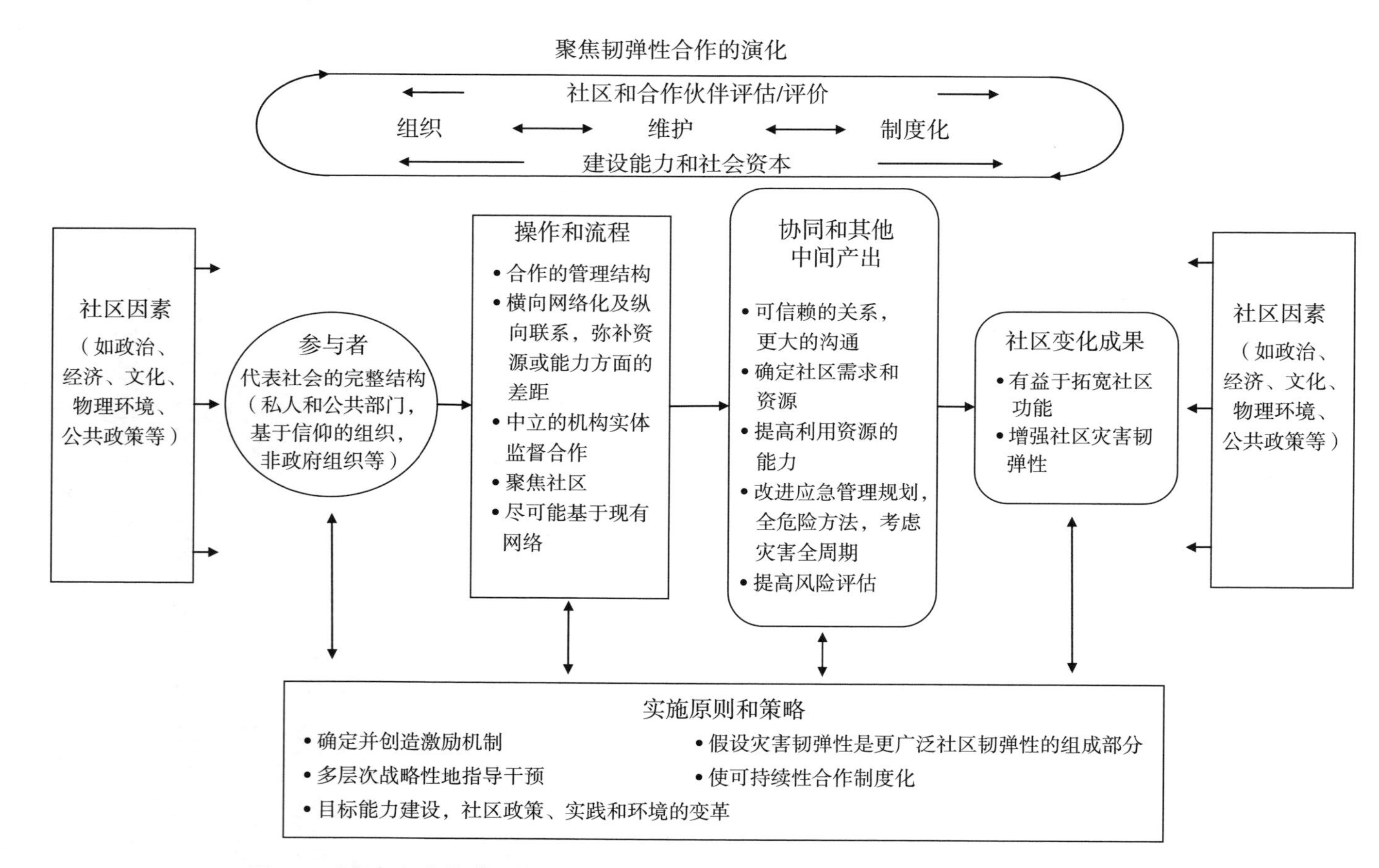

图2.1　公私部门合作建设社区韧弹性的概念模型.根据Bufferfoss and Kegler (2002) 改编

事件。韧弹性建设的合作需要持续的维护才能有效。定期评估合作活动在多大程度上能够促成社区的有利改革，这是委员会框架的重要组成部分。评估维持与社区相关的合作结构、任务、目标和活动，有助于合作的维护和社会机构的认可。关键基础设施和网络之间的相互依赖性，需要确定在社区创造效益（NRC，2010）。相互依存和网络模式如果能够代表当前的情况，将是有效的，因此定期评估是非常重要的。由于这些原因，为应对城市化、人口密度的变化、政治管理的变化以及许多其他因素，必须了解、响应甚至预测社区的变化。

在评估现有的合作网络时，组织者和参与者可能会考虑是否采用自下而上的方法，确保组织的范围和使命在地方一级的接受和所有权已被使用。评估还可以包括这样的问题：合作是否反映了一系列反映社区关心和利益的问题？社区的资源和能力是否被理解，以便最大限度地利用它们来建设韧弹性？在制定地方韧弹性建设战略方面是否采用了创新和灵活的方法？概念模型可能帮助组织者确定正确的问题，并确定问题的答案。那些正在形成新的聚焦韧弹性合作组织可以用概念模型和一组设定的可对比问题来指导。

允许合作演化以响应定期评估的发现，使可持续性更有可能。由于可持续性不仅仅是衡量金融稳定的指标，正如委员会信息收集研讨会上（NRC，2010）所指出的那样，如果评估衡量了除财务和方案可持续性之外的关系可持续性，评估将是最有用的。

模型组件

概念模型（图 2.1）由六个主要的非线性或顺序元素组成：

◉ 社区因素。这些都是合作所有阶段规划考虑的外部因素，如管辖权挑战、政治气候、公共政策、不同层级政府或机构间的沟通和信任以及责任问题。其他类似的问题有地理、对资源的获取、当前社区备灾水平、社区组织化网络的信任和理解、术语和行话的理解（Magsino, 2009）。这些都是影响合作参与和合作活动有效性的因素。许多因素,如公共政策本身可以受到合作行动的影响。

◉ 参与者。持续有效的聚焦韧弹性合作取决于是否代表社区完整组织。公私合作意味着政府实体、不同工业部门；非政府组织包括基于信仰的、志愿者和公民组织在内的非营利组织；社区其他组织的参与。合作是否有能力面对威胁往往取决于其成员组成和他们的代理机构。根据研讨会参与者的陈述，不包括社区的完整组织,特别是剥夺公民权的群体,能导致一个无效的合作（NRC，2010）。社区参与方法使用必要的策略，确保合作者同样享有实现合作目标的权利。其他因素是来自成员思考问题的经验和社区看门人、团体成员的参与，但他们的专业知识、选区、部门、观点和背景各不相同。这些都有助于成功的招聘和合作者参与（butterfoss，2007）。

◉ 实施原则和策略。灾害韧弹性是更广泛社区韧弹性的组成部分，这达成共识是必要的。聚焦韧弹性合作如果有共同目标和任务，就会取得成功。有效的合作支持基于社区可利用资源和能力的行动策略。设计高效策略，使其具有可扩展性和可转移性，同样适用于其他合作的社区努力，而不用管最初的具体用途是什么。如果干预包括整个社区，并直接以有意义的方式针对社区的不同人群,则更有可能建设韧弹性。在社区各个层面建立能力的策略改变社区政策、实践和环境，正如鼓励与维持参加合作和社区对合作响应的激励机制一样是必不可少的。在战略规划中考虑合作的可持续性是至关重要的。如果社区理解建设韧弹性的必要性，即公私合作的必要性，可持续性是更有可能的。更多地如商业界接受商会作为社区商业关注的倡导者，聚焦韧弹性的公私合作结构如果被接受为整个社区福利的倡导者，则更有可能获得成功。

◉ 操作和流程。这些包括合作管理结构其内部各种横向和纵向的网络链接及中立召集或推动实体，用来帮助组织合作活动和其他日常的合作职能，包括招聘和调动成员、保障资金、能力建设、选择和实施策略、评价结果、提炼策略。合作和领导模式最好是根据社区的需要和特点来选择。领导的重要作用是打破网络互动“孤岛”或使之更具渗透性，这会阻碍共同的事业，如独立于私人部门的应急管理社区。适当管理冲突，权衡持续参与、规划和开发资源的成本和效益，以及确定、保留和利用社区资源。这些流程对成功都非常重要。网络不需要从头做起；在可行的情况下，效率的提高通过承认和纳入现有的有效社区组织网络实现，并与集体商定的任务和目标相一致。仔细的设计合作结构和流程，允许有效招聘、能力建设、动员、保障资金、战略选择和实施、成果评估和战略细化，以确保合作的有效性和可持续性。

◉ 协同作用和其他中间结果。中间结果是合作流程的有益结果，但不一定是最终期望的结果。它们是各组织间所产生的协同效应，这是加强交流和信任、确定社区需要和资源、增强为社区利益利用社区资源的能力、提高评估社区风险的能力、改进应急和社区管理及规划的结果。私人和公共部门更紧密的纽带是合作的结果。这些联系可能会带给社区所有策略（不只是灾害韧弹性）更有效的评估、规划和执行、有形无形的支持和更多的社区内社交网络化。通过有效的公私合作，解决社区内部冲突的能力提升、更强的社区归属感、社区成员的主人感和责任感的分享意识全都出现了。合作协同的概念是基于这样的观念断定的，即个人和组织在一起工作将比单独所能完成的更多。

⊙社区变革成果形成的强化能力和社区灾害韧弹性。增强社区韧弹性的变革有社区政策、实践和环境等，这些都是社区能力和参与提升的结果。社区组织能够更有效地准备、响应和恢复灾害，这证明了社区的韧弹性更强。

模型的非线性反映了对社区和合作结构、目标及战略持续重新评估的需求。随着社区的变化，重新评估合作原则和战略符合社区的最佳利益。这反过来又引发了评估合作参与者组成和合作操作及流程效率的必要性。同行辅导，即利用在其他社区成功合作的专业知识，可能是宝贵的流程，以获得有效操作、流程和战略的信息。

支持这一概念框架及其指导原则有效性的许多证据是轶事式的，并进一步审查与概念模型相关的指导原则是必要的。概念模型可以被研究者用作研究和验证其元素系统或逻辑联系的路线图，比如，确定评估具体活动的有效性、进展、结果所需的度量标准。最终，社区将根据其独特的特点和当地确定的问题和优先事项来调整框架。根据 Mileti（1999：63-64），“改变未来的流程需要开明的辩论；全员公众参与；试验、学习、调整、改变的意愿；利益相关者达成共识，支持他们共同承诺达到的目标。”这一概念直接适用于试图建立韧弹性的社区，因为它们能识别、解决理论和实践的差距。

本报告第 3 章提供了关于委员会公私合作概念模型应用的指导，帮助增强社区灾害韧弹性建设。

参考文献

Agranoff, R., and M. McGuire. 2003. *Collaborative Public Management: New Strategies for Local Governments*. Washington, DC: Georgetown University Press.

Burt, R. 2000. The Network of Social Capital. In *Research in Organizational Behavior*, R. Sutton and B. Staw, eds. Greenwich, CT: JAI Press, pp. 345-423.

Butterfoss, F. D. 2007. *Coalitions and Partnerships in Community* Health. San Francisco, CA: Jossey-Bass.

Butterfoss, F. D., and Kegler, M. C. 2002. Toward a comprehensive understanding of community coalitions: moving from practice to theory. In *Emerging Theories in Health Promotion Practice and Research*, eds. R. J. DiClemente, R. A. Crosby, and M. C. Kegler. San Francisco, CA: Jossey-Bass, pp. 157-193.

Center for Substance Abuse Prevention. 2009. Identifying and Selecting Evidence-Based Interventions Revised Guidance Document for the Strategic Prevention Framework State Incentive Grant Program. HHS Publication No. (SMA) 09-4205. Rockville, MD: U.S. Department of Health and Human Services. Available at prevention.samhsa.gov/evidence based/evidencebased.pdf (accessed September 7, 2010).

DHS (Department of Homeland Security). 2009. National Infrastructure Protection Plan: Partnering to Enhance Protection and Resiliency. Washington, DC: U. S. Department of Homeland Security. Available at www.dhs.gov/xlibrary/assets/NIPP_Plan.pdf (accessed August 5, 2010).

Dynes, R. R. 2000. Government Systems for Disaster Management. Preliminary Paper No. 300. Newark, DE: University of Delaware Disaster Research Center. Available at dspace.udel.edu:8080/dspace/bitstream/handle/19716/672/PP300. pdf;jsessionid=571354606BF18BE02F43A1A1702831D1?sequence=1 (accessed September 8, 2010).

FEMA (Federal Emergency Management Agency). 2008. National Response Framework.

Washington, DC: U.S. Department of Homeland Security. Available at www.fema.gov/pdf/emergency/nrf/nrf-core.pdf (accessed March 11, 2010).

Harrald, J. R. 2006. Agility and Discipline: Critical Success Factors for Disaster Response. *The Annals of the American Academy of Political and Social Science* 604(1): 256-272.

Heffner, R. C., ed. 2001. *Democracy in America*. New York: Penguin Books Ltd.

Horwitz, S. 2008. Making Hurricane Response More Effective: Lessons from the Private Sector and the Coast Guard during Katrina. *Mercatus Policy Series*, Policy Comment No. 17. Arlington, VA: Mercatus Center at George Mason University. Available at mercatus.org/uploadedFiles/Mercatus/Publications/PDF_20080319_MakingHurricaneReponseEffective. pdf (accessed September 8, 2010).

Magsino, S. 2009. *Applications of Social Network Analysis for Building Community Disaster Resilience: Workshop Summary*. Washington, DC: The National Academies Press.

McGuire, M. 2006. Collaborative Public Management: Assessing What We Know and How We Know It. Public Administration Review 66(1): 33-43.

Mileti, D. S. 1999. *Disasters by Design: A Reassessment of Natural Hazards in the United States*. Washington, DC: Joseph Henry Press.

Milward, H. B. and Provan, K. G. 2006. A Manager's Guide to Choosing and Using Collaborative Networks. *Networks and Partnerships Series*. Washington, DC: The IBM Center for the Business of Government.. Available at www.businessofgovernment.org/sites/default/fles/CollaborativeNetworks.pdf (accessed September 2, 2010).

Minkler, M., and N. Wallerstein. 1999. Improving health through community organization and community building: A health education perspective. In *Community Organizing and Community Building for Health*, ed. M. Minkler. New Brunswick, NJ: Rutgers University Press.

Moynihan, D. 2005. Leveraging Collaborative Networks in Infrequent Emergency Situations.

Washington, DC: IBM Center for the Business of Government.

NRC (National Research Council). 2010. *Private–public Sector Collaboration to Enhance Community Disaster Resilience: A Workshop Report*. Washington, DC: The National Academies Press.

Olson, M. 1965. *The Logic of Collective Action: Public Goods and the Theory of Groups*. Boston, MA: Harvard University Press.

Pickeral, T. 2005. Coalition Building and Democratic Principles. *Service-Learning Network* 11(1). Spring 2005 Constitutional Rights Foundation USA, Los Angeles, CA.

Rayner, S. 2006. Wicked Problems, Clumsy Solutions: Diagnoses and Prescriptions for Environmental Ills. Jack Beale Memorial Lecture on the Global Environment, University of New South Wales, Sydney, Australia. July 25. Available at www.ies.unsw.edu.au/events/jackBeale.htm (accessed March 12, 2010).

Rittel, H., and M.Webber. 1973. Dilemmas in a General Theory of Planning. *Policy Sciences* 4:155-169. Elsevier Scientific Publishing Company, Inc.: Amsterdam.

Sloman, S. A. 2005. Causal Models: How People Think about the World and its Alternatives. New York: Oxford University Press.

TISP (The Infrastructure Security Partnership). 2006. Regional Disaster Resilience: A Guide for Developing an Action Plan. Reston, VA: American Society of Civil Engineers. Available at www.tisp.org/tisp/fle/rdr_guide[1].pdf (accessed March 12, 2010).

USGS (United States Geological Survey). 2010. 2010 Significant Earthquake and News Headlines Archive. Available at earthquake.usgs.gov/earthquakes/eqinthenews/ (accessed September 16, 2010).

Vigoda, E. 2002. From responsiveness to collaboration: Governance, citizens, and the next generation of public administration. *Public Administration Review* 62(5): 527-540.

Wachtendorf, T., R. Connell, B. Monahan, and K. J. Tierney. 2002a. Disaster Resistant

Communities Initiative: Assessment of Ten Non-pilot Communities. Newark, DE: University of Delaware Disaster Research Center Final Project Report #48. Available at dspace.udel.edu:8080/dspace/handle/19716/1158 (accessed June 21, 2010).

Wachtendorf, T., R. Connell, K. Tierney, and K. Kompanik. 2002b. Disaster Resistant Communities Initiative: Assessment of the Pilot Phase—Year 3. Newark, DE: University of Delaware. Available at dspace.udel.edu:8080/dspace/ handle/19716/1159 (accessed March 12, 2010).

Waugh, W. L. 2007. Testimony before the Subcommittee on Economic Development, Public Buildings, and Emergency Management, House Committee on Transportation and Infrastructure. September 11. Available at republicans. transportation.house.gov/Media/File/Testimony/EDPB/9-11-07-Waugh.pdf (accessed March 12, 2010).

Waugh, W. L., and G. Strieb. 2006. Collaboration and leadership for effective emergency management. *Public Administration Review* 66(1):131-140.

Winer, M., and K. Ray. 1994. *Collaboration Handbook: Creating, Sustaining and Enjoying the Journey*. Saint Paul, MN: Amherst H. Wilder Foundation.

Zábojník, J. 2002. Centralized and Decentralized Decision Making in Organizations. *Journal of Labor Economics*. 20(1):1-22.

第 3 章　基于社区的公私合作指导原则

有效聚焦韧弹性的公私合作通常跨地理和行政区，包括多个机构和各级政府，并跨越其他社会、经济和文化界限。合作者认识到，任何人或实体都不具备建立社区韧弹性的所有专业知识、见识、信息、影响力或资源。同样，需要认识和解决合作的障碍，包括文化、人际关系、政治、财政和技术的挑战。时间和距离所造成的物理隔离障碍是无法完全抵消的，即使最先进的通信技术也是如此。总之，合作努力往往是复杂的。因此，需要一个组织结构来了解合作的各个组成部分是如何相互关联的（Briggs et al.，2009）。本章为应用第 2 章的概念框架提出了切实可行的建议。

许多不同类型的社区行动者在灾害来袭时动员起来作出响应。灾后响应网络远大于官方灾害规划设想的，而且也更复杂（NRC，2006）。例如，Kapucu（2007）基于多数据源研究发现，2001 年纽约“9 · 11”恐怖袭击之后，1100 余个非营利组织在应急响应和事后救助活动中发挥了一定的作用。上述某些非营利组织专门为处理受袭击影响者的需要而设立的。Bevc（2010）同样采用多数据源，确定了 600 多个组织，直接集中从事应急响应任务，比如搜索和救援、灭火以及援助受害者和应急人员等。这些组织参与了广泛的互动和合作网络，随着时间的推移，这些不断出现和演变。因此，动员广泛的社区组织和部门是有效实现灾害韧弹性的关键因素。响应活动通常涉及正式或非正式网络，其特点是合作而不是指挥和控制；实体加入响应网络开展必要的活动，无论这些活动是否在规划之中。然而，委员会提示无论合作网络在社区中起什么作用，它都应符合和支持应急管理机构的法律权威。

正如《应急准备伙伴关系：发展伙伴关系》（LLIS，2006）中所述，许多社区的公共安全和私人实体在很大程度上已经独立地实施了规划和备灾行动。他们很少完全理解或领会对方在灾害预防、准备、减灾、响应和恢复方面的作用。公共安全机构往往低估了私人部门对应急准备的兴趣和参与程度。私人部门集团高估了政府的能力，没有认识到自己对事件响应贡献的必要性。此外，私人部门往往认为与政府机构的合作是有风险的，因为政府在规范其产业方面起作用，关注私有信息的保护及法律责任的风险。

激励私人和公共部门参与强调全面管理方法的聚焦韧弹性的合作是具有挑战性的。如何鼓励组织规划减灾、准备、响应和恢复工作？如何鼓励组织与社区中其他部分合作？委员会在本章第一大部分阐述了社区一级的参与。其中讨论了认可当地网络和网络多样性的重要性，吸收本地或外地所需的专业力量和重实证的应急管理原则同样重要。第二大部分探讨了韧弹性相关活动的结构和流程，包括协调职能和多层级关系的重要性。第三大部分讨论了第 2 章概念模型的实际应用。本章的最后一节提供了委员会的总体指导原则，旨在解决社区一级的公私合作，以增强灾害韧弹性。

3.1 社区一级的参与

正如适应气候变化没有明确的联邦协调或国家战略（NRC，2010 a），建设社区灾害韧弹性同样没有国家战略。2010 年 NRC 由关于气候变化的报告得出结论：有必要制定适应气候变化的国家战略，在州和地方层级上，该战略将从“自下而上”的方法中受益，该方法建立并支持现有的努力和经验，包括公私合作。

本报告没有涉及国家韧弹性战略的所有组成部分，但委员会认识到：不论有没有国家战略，都需要社区一级的韧弹性。要在州或国家一级层面上实现韧弹性，首先要从增强地方社区韧弹性开始。社区的努力是从任何部门的个人开始的，他们相信并履行个人责任感来确保社区的可持续性。这些人也说服其他人采取类似行动的必要性。领导和倡议可以出自任何部门。

地方政府、地方商业及公民组织对整个社区的公民有着特定的认识、接触和沟通。准备充分的个人有助于家庭和工作场所的韧弹性。准备充分的家庭和企业有助于邻居、社会、商业、经济和社区的韧弹性。准备充分的社区对州和联邦资源的需求较少，因为它们能够更好地应对灾害或其他中断。国家由韧弹性社区组成时，它也是韧弹性的。

在培育地方社区一级的灾害韧弹性的概念是许多近期国家准备工作的基石，包括《国土安全部国家响应框架》。它部分地说明“有效统一的国家响应需要分层次、相互支持的能力（FEMA，2008：4）”，“韧弹性社区是从有准备的个人开始的，依赖于地方政府、非政府组织和私人部门的领导和参与”（FEMA，2008：5）。“分级响应”概念，即该框架的核心要素，将承担危险和灾害管理的主要职责下放至地方社区一级。虽然这表明响应活动必须是灵活且可扩展的，但该框架包含指令：“事件必须在尽可能低的管辖级别上处理和在需要时得到额外功能的支持”，并进一步指出“事件在当地开始和结束，并且大部分都是在地方一级处理（FEMA, 2008:10）”。甚至假设像 Mileti（1999）所做的那样，社区灾害韧弹性的标志是当地社区在不过分依赖外部资源的情况下应对事件的能力。相反地，2010 年 1 月海地地震期间，缺乏灾害韧弹性的社区和社会可能几乎完全依赖外部援助。

然而，社区和社区以外的准备努力有助于援助并加强家庭、企业和个人的准备。因此，可以在分析任何层次方面使用（如个人、家庭、社区和社区协会、个体企业和企业团体、个体非营利组织和非营利组织网络）社区韧弹性增强的干预措施，并规定这种努力是相辅相成的。

以下各节讨论增强灾害韧弹性国家框架的战略层面，重点是地方一级的战略。委员会要求专注于社区一级的公私合作，但委员会不会忽视这种有利于合作的社会政治环境。讨论战略的基础是建立在已有认识的基础上，不仅限于应急管理和减轻灾害损失的领域，而且有其他领域，比如公共卫生方面的知识。该委员会还组织了如公民动员、集体行动和社区组织等专题知识。

当地网络重要性的认识

基于 Etienne Wenger（1998）的定义，第 1 章将社区定义为具有共同兴趣的群体。社区的概念包含若干方面，社区或许最好被理解为不同规模不同类型的关系网络。网络存在于社会各个部门内的许多层面，包括人际关系、邻里关系、组织关系、私人行业、公民和政府。网络可以是非正式的或正式的联系，也可以是两者的混合。它们可以根据地理、政府或经济职能或各种利益进行组织。美国的社区包括一系列充满活力和动力的网络，甚至最贫穷、看似贫困的社区，社区的子集也包括这样的网络。人们普遍认为，美国社会包含着丰富的宗教机构、志愿协会、非营利组织、联盟、利益集团和其他类型的联盟。

利用多种机制，通过现有的网络和机构动员个人和团体的努力是最有效和成功的。作为单独的个体，人们没有动力为一个目标而工作；相反，他们通过平常参加的团体和机构而参与到合作的努力中。例如，在美国的民权运动中，黑人教会和与教会有关的网络，如南方基督教领袖会议，提供了一种将个人与运动联系起来的方法（Morris，1984）。基于大众媒体的信息活动，如国土安全部门户网站[1]，可能成功地引起个人对问题的关注，但可能无法有效地激发集体行动。

单个企业主可能会明白备灾是很重要的，但如果没有当地商会或其他以商业为导向的协会传递信息和鼓励，则或许不会根据这种理解采取行动。这是防灾商业工具包（DRB 工具包）[2] 工作组的经验，该工作组汇集了业务连续性和应急管理方面的私人和公共部门专家。通过现有的关系，工作组启动开发了灾害规划软件，以帮助美国的小企业进行持续性规划，以减少他们所有危险的易损性。DRB 工具包工作组了解了社区的相互联系（Bullock et al.，2009）。

通过连接和优化现有的专业、宗教、服务、社会、经济和其他网络来创建包罗万象的网络。因此，在增强韧弹性战略方面，社区利益相关者的合作可以考虑如何通过其所属组织与个人和群体接触。重要的是要建立专门针对应急管理和国土安全的地方网络，如地方备灾网络和国土安全部城市地区安全倡议计划，这些可以为更广泛而全面的韧弹性努力提供坚实的基础。然而，同样重要的是，增强韧弹性的努力要针对广大地方实体、协会和联盟，来代表社区完整组织。肯塔基州的外联和信息网络（KOIN[3]）就是以社区为基础的组织网络的例子，该网络是为了在紧急情况下与难以接触的民众沟通而建立的。KOIN 是一个当地资源网络，向非英语国家和聋人等群体提供信息，其成员担当这些人

[1]Available at www.ready.gov/ (2010 年 7 月 1 日访问).

[2] 见 www.DRBToolkit.org/ (accessed July 30, 2010).

[3] 见 chfs.ky.gov/dph/epi/preparedness/KOIN.htm (accessed September 15, 2010).

与应急人员之间的联络人。

与地方机构的合作可以提高合作的有效性，这不仅是因为与应急管理社区互动的增加，而且是因为地方组织与社区成员间的关系。例如，奥克兰的地方警察和消防部门与社区组织（如邻里犯罪观察小组、社区应急响应团队[4]或加利福尼亚奥克兰应急响应公民（CORE）[5]）有关系。例如，像当地男孩女孩俱乐部[6]、代表少数人群或有特殊需要等社区群体的参与可能有利于帮助他人难以接触的人。大多数群体都有自己认可的沟通方式，人们对来自他们认识、信任的人以及与他们交往的人的信息最容易接受。无论所传达的信息类型如何，情况都是如此，在国家研究委员会关于增强社区韧弹性网络分析研讨会摘要上提供的例子就证明了这一点（Magsino，2009 年）。正如早些时候国家研究委员会关于危险和灾害的人类维度报告（NRC，2006 年）所指出的，横向联系既能产生信任，又能增加信任。

网络多样性识别

该委员会信息收集研讨会参与者注意到，政府倾向于关注大众人群，例如中产阶级、受过教育的郊区居民，这可能不代表社区或其网络的多样性。让所有部门、社区成员和现有网络的参与提高了确定社区需求和利用社区资源的能力。然而，可能需要不同的交流机制来沟通不同群体的合作目标、职能和利益。像这些工具可能包括概念模型、叙述性描述和业务章程。在某些情况下，这些机制可能需要以不同的语言提供。

---

[4] 见 www.citizencorps.gov/cert/ (accessed September 15, 2010).

[5] 见 www.oaklandnet.com/fire/core/about.html (accessed September 15, 2010).

[6] 见 www.bgca.org/Pages/index.aspx (accessed September 15, 2010).

现有网络的成功利用包括承认社区不仅包括许多不同的网络，而且包括那些由社区成员定义的排他性网络。例如，教会成员对许多人来说是重要的社区纽带，但这种网络本身是多种多样的，然而社区中许多人不是教堂的信徒，也没有参加任何宗教机构的附属机构。大多数社区都有大家所熟知的兄弟协会，但它们也是多种多样的。商会和诸如美国联合慈善总会这样的机构分别作为大多数企业和非营利组织的协调中心。同样，许多但不是所有社区都有邻居和业主协会，他们也是基于工作和学校的网络。有些社区的主要雇主为社区活动提供联络点。我们文化多元的社会中，许多网络以族裔身份、移民历史和少数族裔社区机构为中心。部落聚居地有自己独特的社会组织形式，这可能是大多数社区所不熟知的。

委员会要求关注其他类型为应对危机而出现的组织。委员会信息收集研讨会与会者认识到，在灾害发生后，往往是非正式或非官方渠道首先提供食物、住所、卫生和其他支持服务（NRC，2010 b）。通常，那些被 Milward 和 Provan（2006）称为“问题解决网络”专门为确定快速解决危机方法而出现的群体，能产生长期有效的网络。应急管理官方通常不承认或有效利用因应对危机而形成的群体。本报告强调危机前准备工作的重要性，并没有侧重因危机而生的群体。然而，定期评估社区的网络可能有助于确定这些群体形成的条件。例如，反醉驾母亲协会[7]是因个别家庭的悲惨事件而产生的，但现在已成为推动社会行为和公共政策变革的全国性非营利组织。知道这些群体如何产生的，有助于社区了解他们可能出现的地方，以及在危机期间如何利用他们。

无论是致力于提高社区生活质量、解决社区问题，还是帮助其成为灾害韧

[7] 见 www.madd.org/About-Us/About-Us/Mission-Statement.aspx (accessed September 3, 2010).

弹性社区的公私合作，如果合作早期开展各种社区网络资产的全面评估，那么他将会是非常成功的。

吸收本地和更广范围的专业力量

发展和维持聚焦韧弹性的公私合作需要不同类型的专业知识，因此在这样的努力中有必要让合作伙伴了解社区的风险、危险和易损性。为满足这些需要，需要提供不同类型的信息，包括危险评估、过去灾害影响以及人口群体建筑环境和生态系统的易损性。社区利益相关者需要对现有建筑规范提供多大保护、已有土地使用的后果和可能最坏的灾难事件对社会和经济的影响等问题有大致的了解。这些信息可能来自多个来源，包括使用 HAZUS[8]、HAZUS-MH、社会脆弱性指数（SOVI）[9]、普查数据、社区灾害场景的损失评估研究以及个人和组织，包括大学研究人员、专业工程师和工程学会、建筑规范机构、城市规划师、州机构。韧弹性举措也可以借鉴社区专家的知识，如社区组织者、民选和任命的官员、社区非营利组织和企业的领导人以及长期社区居民。这些信息为更科学的危险和易损性数据提供了细微差别和意义，并提升了增强韧弹性公私合作成功的可能性。

在 FEMA 的支持下，国家科学基金会资助的多学科地震工程研究中心制定了一套地震安全倡导策略方针指南（Alesch et al., 2004）。该报告包含了各种主题的实际指导，包括如何使用科学知识减少社区损失活动、交流风险、动员社区和建立伙伴关系。尽管该报告侧重于地震安全，但它的经验教训很容易转移到所有的危险环境。不能指望所有的社区利益相关者确定哪些信息有用或哪

[8] 见 www.fema.gov/plan/prevent/hazus/ (2010 年 7 月 1 日访问).

[9] 见 webra.cas.sc.edu/hvri/products/sovi.aspx (2010 年 7 月 1 日访问).

些行动可转移或调整到适合他们自己的情况。因此，公私合作让那些有专业知识的力量参与，比如本地高等教育机构，使社区利益相关者获益颇多。

重实证的社区参与原则

社区参与是解决社区问题的公认方法，在卫生保健和研究、执法、大流行性流感和国土安全威胁的规划等领域中得到了广泛的应用（Patterson et al., 2010；Fleischman，2007；NRC，2006；Lasker et al.，2003）。对于希望让社区完整组织参与到社区活动的人来说，有着大量的资源。社区学院、学院和提供社区参与指导的大学[10]形成了社区参与的高等教育网络。许多在线资源提供了有效参与社区流程的分步指南。像公共参与发展中心[11]这样的组织提供了一系列材料，有助于当地增强韧弹性的努力，包括核心术语“社区参与的核心原则”（Kadlec and Friedman, 2008）。IBM 政府事务中心[12]提供了一个在线合作系列，其中包括涉及公民参与的公共管理人员的指导（Lukensmeyer and Torres, 2006）。基于基层资助者和基层协商民主联盟组织的会议、论邻里民主承诺与挑战的报告探讨了地方政府让公民参与公共决策和问题解决的创造性方法（Leighninger, 2009）。

新的倡议还寻求应用最初发端于卫生和公共健康领域的社区参与概念，指导备灾。例如，促进文化多样性社区应急准备的国家资源中心是卓克索大学公共卫生健康平等中心的项目，该项目旨在寻找将基于健康和减少灾害相结合的参与战略[13]。

[10] 见 www.henceonline.org/ (2010 年 6 月 30 日).

[11] 见 www.publicagenda.org/cape (2010 年 6 月 30 日).

[12] 见 www.businessofgovernment.org (2010 年 8 月 31 日).

[13] 见 www.diversitypreparedness.org/ (2010 年 6 月 30 日访问).

1995 年，疾病控制和预防中心、有毒物质和疾病登记处成立了社区参与委员会，该委员会在一份名为《社区参与原则》的报告中审查了相关研究和综合结果（CDC-ATSDR, 1997）。该报告中的建议适用于所有类型的社区改善努力，包括韧弹性倡议，总结如专栏 3.1 所示。

专栏 3.1　CDC-ATSDR 社区参与委员会推荐的社区参与原则

疾病控制和预防中心于 1995 年成立了社区参与委员会，审议那些来自全国各地社区从业人员、组织获得的文献和实际经验，并为公共卫生专业人员和社区领导人提供科学信息和实用指导原则，帮助对健康促进、健康保护和疾病预防有关的问题做出决策和采取行动。社区参与战略为那些希望参与到聚焦韧弹性公私合作的人们提供了实际指导。以下是直接摘自该委员会报告的战略摘要（CDC-ATSDR, 1997）：

社区参与开始之前

1. 明确想要参与的工作目的或目标、人群和社区。

2. 了解社区的经济状况、政治结构、规范和价值观、人口趋势、历史和参与努力的经验。了解社区对参与活动发起人的看法。

参与产生

3. 进入社区，建立关系，赢得信任，与正式和非正式领导合作，寻求社区组织和领导人的承诺，建立社区动员的流程。

4. 记住并接受社区自治是社区所有成员的责任和权利。任何外部实体都不应认为它可以赋予社区以自身利益行事的权力。

参与成功

5.（合作伙伴）与社区……创造变革和改善健康（和韧弹性）。

6. 社区参与的各方都必须承认和尊重社区的多样性。在设计和实施社区参与办法时，认识到社区的各种文化和多样性的其他因素是首要任务。

7. 只有通过确定和调动社区资产以及社区卫生决策和行动开发能力、资源，社区参与才能持续。

8. 正在参与的组织或个人变革推动者必须准备放弃对社区行动控制或干预，并且灵活应对社区不断变化的需求。

9. 社区合作需要参与组织及其合作伙伴的长期承诺。

来源：CDC-ATSDR (1997).

3.2　韧弹性相关活动的结构和流程

实现韧弹性的合作需要对组织设计和结构给予相当的重视。对组织重视不够很可能形成短期的伙伴关系而无法实现其目标。不恰当的组织形式可能导致参与者的不满和引起利益相关者的冲突。因此，委员会收集了关于恰当的合作网络组织形式的研究证据，并整理了专家对最佳做法的意见。该委员会聚焦韧弹性的公私合作概念模型（图 2.1）可以作为对各种合作要素与期望结果之间联系的直观提示。在规划和调动合作网络时，参考概念模型能帮助组织者对活动做出决策和评估。

协调职能的重要性

特拉华大学灾害研究中心“项目影响”评估研究强调了当地“项目影响”协调员的重要性，他们的工作包括确保社区在合作、伙伴关系建设和其他项目目标方面取得进展。调查结果表明，无论合作活动是如何组织的，都有必要专门为合作管理投入资源。换句话说，没投资的个人或团体对确保合作起作用负责任，这似乎不足以证明合作的重要性。专职工作人员的经验最终减少了灾后管辖权的混乱和争论，允许更有效地汇集资源，并促进更快地恢复。说服潜在的合作者加入保护组织或成为灾害规划的合伙人相对容易。然而，鉴于特定社区发生严重灾害的不确定性，让他们积极持续参与韧弹性努力更具挑战性。配有专职人员的强大合作网络有助于将减少损失和韧弹性作为优先事项，并成为社区正常功能的组成部分。

有些人可能认为，协调职能不符合委员会分散决策的建议。委员会将反驳说，组织结构内部的分散决策是可能的。我们国家的管理体制就是例子。尽管指导组织的规则和指南存在，但组织并不指导决策的结果。只要就合作规则和协调人或机构的行为达成共识，并且定期评估这些规则的相关性，分散决策就是可能的。

社区可能会认为资源太少，无法支持专职的协调员；重要的是，他们必须考虑没有协调员的更大代价和协调员可能提供的长期利益。

横向和纵向联系

由于提高灾害韧弹性是全国性目标，在全国范围内个体考虑合作活动是最有用的。这并不意味着合作努力应该由联邦法规和规定推动或应该在全国各地以统一的方式进行。如同旨在解决国家问题的任何计划，致力于改进灾害韧弹性的成功方法反映全国各地当地社区的多样性，并符合美国政府的体系结构。地方一级的支持对于维持这一努力的重要性，因为私人部门和公共部门的较高组织层次提供的不仅仅是技术、后勤或财政支持，除非得到当地领导层的要求和协调。

第 2 章讨论了发展强大的横向或社区内部的灾害韧弹性网络重要性。概念模型（图 2.1）包括为整个社区结构制订策略。横向网络得到实质性强调是恰当的，但理想的增强灾害韧弹性的计划包括横向和纵向合作与协调富有成效的组合。国家研究委员会在其 2006 年的报告《面对危险和灾害：了解人类维度》中将灾害韧弹性与社会资本的概念联系起来，并强调了参与减少损失活动的实体间横向一体化（社区内）和纵向一体化（不同规模）的重要性。关于稳定的横向联系的重要性，报告（NRC，2006：231）指出，具有高度横向融合（即强大的社会资本）的社区有积极的公民参与计划，促进公民和地方组织间的社会网络更紧密。更牢固的网络为建立人际间的信任提供了更大的机会。这样的社区可能是可行的、基于地方解决问题的实体。他的组织和个体不仅对解决公共问题有兴趣，也有频繁和持续的来往，互相信任，齐心协力建立共识和集体行动。因而，当地居民有机会界定和表达他们的需要，调解分歧，并参与当地的组织决策。

因此，社区内部联系构成了灾害韧弹性社会的基石。然而，还需要纵向建立社区与其他外部实体的联系。社区内部联系不能实现外部联系所带来的好处，比如地方社区、州和联邦政府间、地方公司与他们的母公司、非营利组织的地方分会及其国家总部，其好处包括与更广泛的社会机构联系、扩大可信网络，以及更多地获得资金、专门知识和其他资源（NRC，2006 年）。整合社区内部和外部的关系都需要最大程度地社会动员、学习和创新能力。

强调社区网络与外部实体之间纵向联系的重要性并不意味着社区将其决策交给外部控制。相反，根据整个报告的精神，合作和伙伴关系是最适当的跨尺度互动形式，理由如下：第一，任务和规章不可避免地遭到抵制。第二，在灾害和其他许多情况下，提供信息和资金等资源的外部实体实际上对大多数当地网络执行者没有正式权限。例如，联邦政府不能要求地方社区采用特定的建筑规范；要求企业采用美国国家防火协会灾害 / 应急管理和业务连续性的标准[14]（NFPA 1600）；要求小企业备灾；迫使社区对自己征税，以达到更高的灾害韧弹性；或管制当地非营利组织的灾害相关活动。第三，社区居民和基于社区的实体拥有其他规模的实体无法获得的当地知识。例如，在日益全球化的社会中，大公司可能缺乏对当地分支机构所面临危险的详细了解。

联邦领导没有努力控制或微观管理当地减灾活动，"项目影响"提供了一个有用的例子。联邦应急管理局（FEMA）直接向地方社区提供财政援助，参与四种活动：危险评估、减灾、公共教育和建立公私伙伴关系。FEMA 为参与社区提供了一般指导方针，并鼓励它们制定谅解备忘录，使与减少损失有关的伙伴关系正规化，但没有告诉社区该做什么或如何工作实现这四个目标，也没有以采用具体类型的组织形式或流程为条件提供资金。政府政策能增强或减弱韧弹性。将资源供给与自上而下控制、联邦规定的优先事项或统一实现的联邦政策有可能降低在韧弹性努力中从事和维护民间利益者的社区灵活性、创新和能力。

实现灾害韧弹性的努力与应对气候变化和多样性的努力之间有着相似之

[14] 见 www.nfpa.org/aboutthecodes/AboutTheCodes.asp?DocNum=1600 (2010 年 7 月 1 日).

处。这两者都涉及风险管理。这两种情况下，当地社区、州和地区正在采用创新的方法，这些方法常常超出联邦政府的要求。关于气候变化，美国国家研究委员会气候选择项目关于气候决策的项目报告强调，联邦政府不应试图抢先当地的气候变化减灾和应对措施或扼杀创新项目（NRC,2010a）。但报告也指出，联邦政府能做大量的事情，特别是在提供信息方面。鼓励灾害韧弹性社区也可能如此，气候变化报告中提供的许多合作模式和案例研究对聚焦灾害韧弹性的公私合作同样是有用的。有了这些理念，社区就可以与州和国家一级的组织和政府建立纵向联系和合作关系。

3.3 建立和运营合作伙伴关系：概念模型的实际应用

许多地方社区、商业和专业组织、州和地方机构在建立自治的公私伙伴关系以服务于选区方面开创了新局面，本报告提供了这样的例子。这些伙伴关系提供了一系列有前途的合作模式和经验教训。委员会认识到有必要建立国家框架，以便发展基于社区的伙伴关系。然而，在采用支持政策和资源的框架出现之前，发展州和社区级的创业伙伴关系具有内在价值。

近年来，人们发现在灾害来临之前建立社区和州间的公私合作是有益处的。那些试图在自己社区建立公私合作的人可能希望把现有的努力作为样板。例如，爱荷华保护伙伴关系[15]在应对美国中西部历史性的2008年洪灾中发挥了关键作用；地震国家联盟[16]在加利福尼亚每年举办一次全州地震演习[17]，并支持多个州和其他一些地方的地震准备工作；加利福尼亚州圣巴巴

[15] 见 www.safeguardiowa.org (2010 年 7 月 1 日访问).

[16] 见 www.earthquakecountry.org/ (2010 年 7 月 30 日访问).

[17] 见 www.ShakeOut.org/ (2010 年 7 月 30 日访问).

拉意识准备项目是由 Orfalea 基金成立的公私合作用于增加社区一级的灾害准备[18]；区域联盟扩大了它们在经济问题上的合作，包括灾害韧弹性[19]。委员会在其信息收集研讨会期间听取了许多其他合作努力方面的例子（NRC，2010 b）。

尽管公私合作概念的成功和增长性支持有传闻式的证据，但国家范围内维持全危险的社区伙伴关系所需的专业知识和资源仍然匮乏，数百个州和地方机构、私人企业和非政府组织正在寻求如何合作的指导。该委员会审议了许多聚焦韧弹性的公私合作例子和案例研究，并确定了其中的共同策略，用于发展有效的社区合作。例如，密歇根州大学关键事件协议（MSU-CIP）社区便利化项目[20]和国家安全企业主管[21]（BENS）开发的模型已经应用到全国各种社区。其他被推荐实施的合作模式和步骤可参考教训学习信息共享（LLIS）发表的《公私应急准备伙伴关系》[22]系列。联邦资助的社区和区域韧弹性研究所也通过南卡罗来纳州查尔斯顿、田纳西州孟菲斯、密西西比州格尔夫波特[23]这三个试点社区证明了有效的伙伴关系发展。

聚焦韧弹性的合作试图在社区中建立社会资本。在 Milward 和 Provan（2006）的文献中能找到关于这类和其他类型网络讨论的全面来源。它们描述了公共网络中的基本管理任务，这些任务可以调整并应用于公私合作。他们的表格修改版本如表 3.1 所示。委员会认为，这些任务与其概念模型的应用是基

[18] 见 www.orfaleafoundations.org/go/our-initiatives/aware-prepare/ (2010 年 7 月 1 日访问).

[19] 见 www.pnwer.org (2010 年 7 月 1 日访问).

[20] 见 www.cip.msu.edu/ (2010 年 7 月 1 日访问).

[21] 见 www.bens.org/ (2010 年 7 月 1 日访问).

[22] 见 www.llis.gov (2010 年 7 月 1 日访问).

[23] 见 www.resilientus.org (2010 年 7 月 1 日访问).

本一致的（图 2.1）。

在后面部分中，委员会描述了来自于基层努力探索出的最常见有效的公私合作的发展步骤。当采用这些建议步骤时，概念模型（图 2.1）可能是有价值的工具。这些合作可以根据概念模型来决定，他们合作的某些方面需要改变以取得最佳的结果，或随合作和社区的变化而修改模型。关于若干结构、过程、策略和期望合作结果的决策，可以参考概念模型。选项可以与模型相比较，以便确定哪一个最符合合作目标。

表 3.1　合作中的基本管理任务

基本网络管理任务	合作管理	合作中的管理
问责制管理	• 确定谁负责哪项结果。 • 奖励和加强对合作目标的遵守。 • 监测和响应合作“搭便车”。	• 监视你的组织参与合作。 • 确保专用资源实际用于合作活动。 • 确保你的组织因对合作的贡献而获得信任。 • 抵制“搭便车”的努力。
合法性管理	• 建立和维护合作概念、结构和参与的合法性。 • 吸引积极的宣传、资源、新成员、切实的成功等。	• 向他人（成员、利益相关者）展示参与合作的价值。 • 使成员组织在其他合作者中的作用合法化。
冲突管理	• 建立冲突和争端解决机制。 • 充当“诚信”经纪人。 • 制订反映广泛合作而不是针对特定成员利益的决策。	• 努力避免和解决个别合作者的问题。 • 在你的组织内工作，担当联系人，以平衡成员组织与合作的要求和需求。
合作结构管理	• 确定最适合成功合作的结构模式。 • 实施和管理结构。 • 根据合作和参与者的需要，认识到结构变化的时机。	•根据发生合作的结构，与其他合作者和合作管理进行有效地工作。 • 接受一些失去合作决策的控制权。

续表

基本网络管理任务	合作管理	合作中的管理
承诺管理	• 得到参与者的支持。 • 与参与者合作，确保他们理解合作的成功是如何有助于组织有效性的。 •确保合作资源根据合作的需求平等地分配给网络参与者。 • 确保参与者充分了解合作活动。	• 在成员组织内建立合作目标的承诺。 • 制度化参与合作，以便支持合作目标和参与超越组织中某一个人。

资料来源：Milward 和 Provan（2006）

确定领导

以社区为基础的公私合作通常始于个人领袖（如商业领袖、州政府或地方政府官员、具有公民意识的社区组织者或公务员）的启发，他看到了建立联盟来解决特定需求的价值。这个人可能已经成为社区当权的领导者，但也可能是在基层建立支撑和支持的热心公民。这个人可能不会设想通过社区合作解决若干问题。但他或她的初步外展工作开始了合作进程，为更广泛、更具包容性的伙伴关系奠定了基础。最初的目标可能包括创建顾问或领导团队。

创建顾问或领导团队

由 3—6 名拥护者组成的小型核心团队，是开始制定合作努力总体目标和探索潜在机会和利益的理想选择。合作发起人，如上所述，或许组建团队，并成为团队成员，或许可能要求其他能组建团队的人予以指导。核心团队的主要职能是在邀请更广泛参与前，确定合作的总体目标，留下特定功能在发展的早期阶段予以讨论。后者对于建立关键利益相关者共识和支持是必要的。最有效的核心团队是社区不同层级的代表。

正是在初期的探索阶段，有关的高级政府官员和私人部门高层领导人可能会被邀请，以便赢得公私部门的支持（MSU，2000），如果合作的努力完全由政府机构来完成，则有企业和其他非政府利益相关者会把这种努力看作“只是另一个政府项目”的风险。相反，如果公共官员提早进入发展进程，那么他们更有可能支持，私人部门或普通公民发起的合作倡议。

使用如图 2.1 所示的概念模型将有助于核心团队确定自己合作网络的初步框架，并帮助核心团队在合作扩展时记住恰当的目标。

邀请关键的利益相关者加盟

合作关系的规模和广度取决于合作的范围和任务。随着合作的成熟，合作关系可能会扩展。至关重要的是，发展合作努力的核心顾问必须开始确定将其纳入发展后期阶段的其他选区。一开始就召集规模过大的团队，可能会妨碍有效的关系形成，并使自治变得不可能。一个专业从事特定具体社区公私伙伴关系的例子是双城安全伙伴关系，该关系旨在提高明尼阿波利斯的公共安全和生活质量。私人部门与执法官员定期分享威胁警报、警告和安全事件趋势的情报[24]。2003 年，核心商业领袖群体和执法官员开始合作，现在有 100 多名成员。然而，申请入会者必须是安全从业人员、安全服务供应商、管理或普通级别执法官员，或关键基础设施官员。在这具体的伙伴关系中，关键的利益相关者是那些最熟悉与安全相关问题的人员。

聚焦灾害和社区韧弹性的公私合作需要更广泛的专业知识，这扩展至社区的全部组织。确定有必要的专业知识并能够与社会各阶层交流和沟通的关键利

---

[24] 见 tc.securitypartnership.org/aspx? MenuItemID=101&MenuGroup=Home (2010 年 6 月 30 日访问).

益相关者对提高效率很重要。针对合适的关键利益相关者，在给定合作任务和目标的情况下，允许访问广泛的社交网络和资源，并将对社区的不同部分产生信任。

通过发展组织和运行框架制订合作制度

合作本身是最有效的，如果它是中性的、无党派的、不以营利为目的，并致力于为社区提供巨大效益（BENS，2009）。根据 BENS 的说法，当政府资助和禁止合作时，法律、监管、文化合作障碍往往妨碍企业长期参与的合作。委员会拓展这个发现至所有组织，中性和无党派的合作，更有利于建立信任，并创造出使共识建立在共同工作的原则上的环境。理想的组织结构将反映这种中立性，无论它是以现有的社区组织为基础，还是作为独立的 501（c）（3）组织，并将包括协调准备工作所必需的关系。无党派的结构是不太可能因意识形态差异而排除潜在的合作者，并且更可能在政治行政的变化中幸存。

由地方政府组织的合作可能是有效的，如华盛顿西雅图市组织的合作就是著名的例子[25]。但委员会成员的经验和观察使委员会得出结论：当政府机构没有组织合作时，与私人部门的关系更容易形成和维持，而且如果不与特定的行政机构紧密挂钩，组织结构本身可能更具可持续性。单个社区需要决定哪些组织结构在其社区中最具可持续性。

利用其他社区的模型研究得出最佳做法，或由服务商或非营利组织提供技术援助，制定组织和领导结构。组织方面将因社区而异，但重要的是要提供当地利益相关者的治理和所有权。

[25] 例如，华盛顿市西雅图和金县已经形成了一个弱势群体的行动小组（VPAT），以社区为基础的组织专注于为有特殊需要的社区成员的公共卫生备灾。见 www.kingcounty.gov/healthservices/health/preparedness/VPAT/about.aspx (2010 年 9 月 15 日访问）。西雅图还有其他与灾害防备和社区韧弹性相关的私人 - 公共伙伴关系。见 www.cityofseattle.net/emergency/ (2010 年 9 月 15 日访问).

Bens、MSU-CIP 和 LIIS 系列都建议，在可能的情况下，从现有社区中具有很高信誉的组织平台上建设合作（BENS，2009；MSU，2000；LLIS，2006）。例如，当应爱荷华州州长邀请探讨在爱荷华州建立伙伴关系的可行性时，Bens 首先访问了爱荷华州商业委员会，该委员会由该州前 20 大私人雇主的首席执行官、三所公立大学的校长和爱荷华银行家协会组成。爱荷华商业委员会为伙伴关系提供了机构和信誉，并帮助其在整个州的发展和扩张。保障爱荷华合作关系诞生于 BENS 作为中立服务商的爱荷华商务委员会的倡议[26]，后来成为独立的 501（C）（3）组织。利益相关者商定了制度化的运作框架，保护爱荷华伙伴关系迅速发展，并经受了灾难的考验（关于伙伴关系努力的更详细说明见专栏 3.2）。

专栏 3.2 解说性的合作模型

已经推进到高级阶段公私合作的最好例子也许是爱荷华合作伙伴关系（SIP）。SIP 最初是 BENS 的推动，2007 年 1 月 29 日正式启动，代表由爱荷华主要企业、爱荷华商业委员会和几个州机构组成。它是爱荷华私人和公共部门领导人自愿组成的联盟，他们共同致力于加强爱荷华州预防、准备、应对和恢复灾害的能力。SIP 合作伙伴致力于通过认捐资源和提供支助服务来减少应急对社区的影响。

SIP 承担五类活动：资源和备灾、交流与协调、教育与演习、伙伴关系发展和外联、伙伴关系营销和公众意识。2008 年，SIP 董事会

[26] 见 www.safeguardiowa.org/ (2010 年 6 月 30 日访问).

在战略规划会议上制定了这五项举措。这些举措使SIP会员、州政府机构和公众受益。

SIP仍然致力于增加私人部门参与其计划，从而增加可用于爱荷华各地备灾和应急行动的资产数量和种类。该伙伴关系制定了一项方案，以促进在地区、县和城市内设立组织分部。公共和私人部门伙伴间的分部网络以特定地区为基础，提供具体地点的举措和信息。SIP还积极寻求与公共部门机构建立关系,SIP在州紧急行动中心（SEOC）的业务席位就是证明，并且参与了爱荷华卫生部、国土安全和应急管理救护者咨询委员会。

SIP已通过了灾难测试,并且其有效性已得到证明。2008年夏天，爱荷华州经历了一系列强风暴，造成了几次龙卷风和历史性洪水。在四周的时间里，洪水泛滥爱荷华州，要求该州进行广泛的准备、应对和恢复行动。总体而言，2008年的夏季风暴造成17人死亡，迫使约38000爱荷华州人撤离，影响了21000余住房单元。

2008年的夏季风暴期间，SIP帮助缩小了爱荷华州公共和私人部门之间的差距。与此同时，SIP合作伙伴花费了数百小时，为爱荷华的应急响应和恢复进程做出了贡献，其中包括协助SEOC进行一般资源采购。

资料来源：www.llis.gov(2010年7月1日访问)。

通过西雅图应急管理办公室的努力，在应急规划和恢复管理小组、私人和公共部门顾问就应急管理准备和计划相关问题的协助下，启动了西雅图“项目影响”工作。成功的西雅图“工程影响”计划传播至周围的司法管辖区，并在西雅图“工程影响”运作框架下管理了多年。西雅图“工程影响”计划资助了一个独立但合作的非营利组织（DRB 工具包工作组）[27] 的发展，该工作组相应地与华盛顿州社区合作，提供他们的工具来增加企业备灾（Bullock et al., 2009）。

拥有行政级别的志愿者的具有公民意识的组织的对于提供治理和运营支持的伙伴关系是非常重要的。几种合作模式表明，合作可以由多个“团队”来管理和支持：由首席执行官和主要州或地方机构的主管组成的高级咨询委员会，制定战略方向；由企业、公民组织和非政府组织（NGOs）的运营级别经理组成的运营委员会，负责项目实施。来自广泛成员的持续承诺对伙伴关系的成功至关重要。

采用聚焦韧弹性的公私合作的概念模型（图 2.1）创建一个组织或治理结构，将有助于确保广泛接受以及合作结构的有效性和可持续性。

确定减轻灾害影响的合作资源和能力

作为建立凝聚力和共识的早期工具，为促进伙伴关系发展而设立的许多组织建议参与者确定所在组织可以在应急中能为社区做什么。这个过程总是让人“大开眼界”，因为它创造了参与者间新的理解和信任，并奠定了建立新能力和韧弹性的基础。认识到资源的可用性参与者在认识到共享资源如何使他们受益时，对合作的过程有更大的承诺。这一清单过程还可以通过系统地编制和协调已确定的资源来提供早期的利益。基础设施安全伙伴关系 [28] 发表了关于建立

[27] 见 www.drbtoolkit.org/ (2010 年 9 月 28 日访问).

[28] 见 www.tisp.org/ (2010 年 6 月 30 日访问).

区域韧弹性的指南，该指南提出了一系列问题和步骤，以促进更密切的公共和私人利益相关者聚焦韧弹性的合作（ITSP，2006）。

合作也可以作为社区中前瞻性思考的一种手段。例如，通过合作，社区可以建立中心社区基金会，作为捐赠援助资金的储存库，以便在灾难发生时迅速向社区分发。合作可能会形成一些举措，使短期利益（如提高债券评级和社区服务）与加强长期防备和韧弹性的行动结合起来。

聚焦灾害韧弹性，并探索社区韧弹性

无论是从现有的社区组织，还是从头开始开展合作，最重要的步骤之一是在社区备灾和韧弹性建设中确定和商定新努力所能解决的具体挑战、威胁或差距。重要的是，参与合作的人必须致力于实现更大的目标，即社区的持续性，而不是只追求狭隘的利益或私利。例如，确定与应急准备相关的共同问题势在必行，但合作者也必须确定应急准备是如何成为更广泛的社区建设努力一部分的。弗吉尼亚州阿林顿县在 2001 年 9 月 11 日袭击该县的五角大楼之后这样的努力取得了进展。袭击本身迫使社区制订韧弹性规划，社区参与紧随其后，因为所有部门都有着相似的社区韧弹性愿景。

据阿灵顿县 2010 年及之前的管理者（Ron Carlee）表述，一个最有可能从灾难中幸存的社区是积极致力于社会公平和包容，并创造让所有居民和机构都可以与之相关愿景的社区（NRC, 2010b）。

制定可行和可衡量的目标

在程序上和财政上可持续的合作取决于成员是否采用具有明确、可行和可衡量目标的年度规划；训练新的能力，为所有伙伴提供投资回报，以及管理增长和确定存在于社区。可衡量的年度计划目标的例子包括：

◉ 建立登记册，确定存在于社区中的私人部门资源和能力、在灾害中能调动的资源联络点（登记册是一种有形的产品，可以提高当地的能力，并切实表明共同努力的价值）；

◉ 每年与政府合作伙伴参与联合桌面或现场演习的企业和非政府组织的数量；

◉ 使用合作伙伴关系加强其组织及其雇员备灾的私营雇主的目标数量；

◉ 每年增加的活跃参与者和支持者人数，例如 10%；

◉ 通过公共和私人捐款和实物捐助的组合，实现财政和计划可持续性，足以支持至少一个协调员 / 工作人员。

委员会成员观察到，有多少国土安全伙伴关系提出建议和规划，宣告胜利，并没带来切实的结果。成功的合作包括测试和提高新功能能的练习。这些测试的结果是有形的、可衡量的产出。此外，这些行动使能力被视为真正的资产，并在持续举措的基础上对这些能力进行实践，提高认识，建立牢固的关系，并为面对任何灾难的合作者所准备。然而，很难知道有些措施与长期利益间的关系。即使如此，让每个合作者和社区成员在合作中感知和衡量价值，这为继续参与提供了激励。第 4 章讨论了与选择度量相关的挑战，第 5 章描述了这方面的研究需求。

建设能力

聚焦灾害韧弹性合作的一个重要作用是培训社区准备就绪。有效的能力建设将有助于确保在危机期间向更广泛的社区提供关键服务。合作性公共教育举措和活动可能包括旨在缓解危机的行动，最终目标是在地方政府和其他支持组织之间建立信任，降低风险，缩短极端事件后的恢复时间。能力建设计划需要包括关于社区韧弹性的教育和培训，以及非政府组织（NGOs）、宗教组织（FBOs）和其他社区组织提供的服务之间的密切联系，这些组织往往是非官方的灾害救护者。合作教育工作可以帮助组织为员工和成员制订培训计划，提高个人和组织在减灾、准备、响应和恢复方面个人和组织角色的理解。

与教育机构合作

与地方教育机构合作，增加获得当地资源和能力的机会。大学科学家和技术专家可以在现有研究的基础上发展风险教育活动的基础，其内容可为当选官员、商界领袖和更广泛的社区量身定做。传播和教育专家同样也可以被挖掘。根据美国社区学院协会（AACC，2006）的数据，社区学院有很多资源可提供，特别考虑到 80% 的美国救护者在这些机构获得了资格认证。可以招募包括贸易学校在内的高等教育机构的学生，支持韧弹性建设工作和公共宣传。与此同时，可以鼓励教育机构将经济和商业专业本科教育的业务连续性和韧弹性教育作为重要组成部分，并将社区韧弹性纳入公共政策和工程学科的课程。与 K-12 教育机构的合作，可以巩固已有的社区韧弹性建设活动的势头，比如，加利福尼亚大地震演习计划[29]的情况。地震演习计划已纳入到学校课程，以完成年度地震演习的要求。这样做可以引导所有部门的下一代领导人期待韧弹性建设成为社区经济、社会和环境福祉的重要组成部分。与 K-12 教育机构的合作可

[29] 见 www.ShakeOut.org/（2010 年 7 月 30 日访问）.

以帮助建立社区最年轻的成员及其家庭的能力[30]。

迅速的社会变革以及由此带来的社区脆弱性的变化表明，需要进行全面持续的分析、评估和研究。委员会聚焦韧弹性合作的概念模型（图 2.1）突出了对社区和合作本身定期评估的必要性，以确保目标和活动保持相关性。尽管委员会了解到并非每个社区都能这样做，但通过告知所用的方法和指标，将研究直接纳入合作努力将有利于合作及其资助者，更好地理解对合作好处和投资于合作的直接和间接成本的评估，并将所获得的知识应用于其他合作工作。通过研究数据的直接信息将改进决策。将随机试验指标纳入经济学家的政策试验显示了积极的结果（如，Banerjee and Duflo，2010；Banerjee et al.，2010）。通过公共卫生领域的参与性研究，也提出了积极成果。加州大学伯克利分校公共卫生和政策链学院[31]国家经济、社会公平研究和行动研究所，考察了 10 个案例研究，他们反映了在不同地点的许多公共卫生问题。他们致力于通过社区参与性研究推动与卫生有关的公共政策。研究包括柴油巴士污染及其对健康的影响（曼哈顿北部，纽约），工业化养猪生产中的环境不公（北卡罗莱纳农村）和儿童铅接触（焦油溪，奥克拉荷马）。分析突出了样本政策和相关成果，表明了伙伴关系的重要作用，并介绍了跨站点所面临的成功因素和挑战（Minkler et al.，2008）。

鼓励资源管理的灵活性

国家或地方各级是否提供或获得支持，如果有过多的使用条件，将严重阻

[30] 在加利福尼亚州，由地震县联盟组织的全州地震防备演习得到了众多县学校监督员的支持，他们接受了这个活动的主题，并鼓励所在地区的学校让学生、家庭、当地企业和社区团体参加。为了防备地震，教导孩子们保护他们的空间，并教导如何在地震中保持安全。通过学校为家庭和地方组织提供资源。见 www.shakeout.org/schools/ (2010 年 8 月 24 日访问).

[31] 见 www.policylink.org/site/c.lkIXLbMNJrE/b.5136441/k.BD4A/Home.htm (2010 年 9 月 13 日访问).

碍及时提供或使用资源的能力。委员会研讨会（NRC, 2010b）与会者认为，管理捐款像他们打算支持的活动一样耗时。有些要求被认为适得其反。例如，要求当地匹配资金作为获得资源的条件，对于急需资助的农村或其他社区来说，可能让人望而却步。在提供赠款和其他资金支持以实现创造性和最有效利用资源时，必须考虑到有效灵活的行政管理。

对提供支持也同样重要，理解本报告所述类型的合作需要长期的培养，并可能产生很少的短期可量化的结果。没有适当考虑长期利益而提供的资金实际上可能造成生产力较低的环境。为聚焦韧弹性的合作努力提供的资金和资源，如果它们是为团体合作提供激励，而不是鼓励对有限的资金进行竞争，将产生更大的影响。鼓励赠款竞争的资金机制，如由国土安全部的城市地区安全倡议（UASI）所纳入的资助机制，关注短期结果，有可能偏向某些社区。委员会认为，这些计划实际上可能会产生长期无效的竞争，以实现短期利益。此外，用于特定社区或成果的资金可能会忽略了通过其他地方的合作所带来的更大利益。长期来看，较少针对特定机构或结果的更具包容性的资助计划可能对社区更有利。

3.4 创造变革环境

社区韧弹性不仅仅是开展灾害应对的能力，并且公私部门合作是产生社区韧弹性的最佳途径。在编写本报告时，委员会面临着严峻的挑战：确定最关键的公私部门合作的具体方面对于在更广泛的环境中建立社区韧弹性至关重要。专栏 3.3 列出了本报告指南中简明的总体指导方针，就社会政治环境如何促进社区一级更有效的伙伴关系提供指导。虽然指南中提到了聚焦韧弹性的社区一级公私合作，但它们适用于任何级别的合作。

专栏 3.3 总体指导方针

委员会的任务是制定一套私人部门参与提高社区灾害韧弹性的指导方针，但认为其总体指导方针适用于所有部门。这些指导方针旨在解决社区一级的公私合作以增强灾害韧弹性，但它们也将适用于任何级别的合作或希望支持合作的合作伙伴。这些指导方针能与委员会聚焦韧弹性的公私部门合作的概念模型（图 2.1）一并使用，该模型显示了合作要素与结果间的关系。记住合作的不同要素间的关系，可能有助于更成功地应用这些指导方针。

1. 推动社区一级的公私部门合作，作为社区韧弹性，特别是灾害韧弹性的基本组成部分。理想的聚焦韧弹性的公私合作将：

a. 与社区内更广泛的能力建设工作相结合，包括所有社区行动者。

b. 强调全面应急管理原则，以便为灾害周期的所有危险和各个阶段做好准备，以推动目标和活动。

c. 作为社区一级的横向网络系统，并与上级政府和组织进行协调。

d. 发展灵活的、不断发展的实体，建立流程，设定目标，进行持续的自我评估，迎接新的挑战和确保可持续性。

e. 将其制度化，使其成为一个中立、无党派的实体，并配备专职人员。

2. 通过交流和培训计划，为参与公私部门合作的人员和广大社区建立能力。理想的聚焦韧弹性的公私合作将：

a. 从一开始就将能力建设纳入合作。

b. 以社区准备就绪、持续性规划、建立信任、降低风险和缩短恢复时间为目标，开展针对缓解危机的教育活动。

c. 鼓励公私部门的所有组织通过业务连续性措施致力于组织韧弹性。

d. 与教育机构合作发展教育活动和传播信息。

e. 通过将研究直接纳入现有和未来的合作工作，把研究纳入聚焦韧弹性公私部门合作的做法制度化。

3. 尊重博识的、当地确定的全危险准备和韧弹性优先事项。

4. 制定管理灵活的资金和资源分配战略。

私人部门可以建立能力，比如，让地方当选的官员理解参与和支持社区跨部门的伙伴关系和合作的好处，这有助于减少预期的风险。它可以联合营利性组织和非营利组织的力量，以影响地方、州和联邦各级支持聚焦韧弹性的减灾和业务连续性规划的立法和政策。同时，包括 NGOs 和 FBOs 在内的私人部门，可以通过业务连续性措施承担起组织内部的韧弹性义务，并通过教育、培训、活动和激励鼓励他们的员工及其家庭做好准备。

公共部门通常被视为提供救灾和恢复援助的领导者。因此，公共部门必须推进增加韧弹性、韧弹性建设和公私合作重要性方面知识的社区成员活动。政府职员可以接受培训，以提高他们自己生活的韧弹性，并了解他们在灾害发生期间及之后保持其组织连续性的作用。

联邦合作伙伴，像社区一级的伙伴关系，可以从失败的努力中学习制定战略，融入到现有计划的主流合作。培训和学习经验，旨在培养形成、维持和制订公私合作制度所需的技能。联邦的活动包括编制救灾人员的培训教材，进一步强调应急管理机构提供方案中伙伴关系的建设技能，资助研讨会，培训培训师的经验，资助高等教育课程和课本的发展，以及为联邦工作人员提供学习经验。

参考文献

AACC (American Association of Community Colleges). 2006. First Responders: Community Colleges on the Front Line of Security. Washington, DC. Available at www.aacc.nche.edu/Publications/Reports/Documents/firstresponders.pdf (accessed September 16, 2010).

Alesch, D., P. May, R. Olshansky, W. Petak, and K. Tierney. 2004. *Promoting Seismic Safety: Guidance for Advocates*. MCEER-04-SP02. Prepared for Federal Emergency Management Agency, Washington, DC. Buffalo, NY: The State University of New York at Buffalo.

Banerjee, A. V. and E. Duflo. 2010. Giving Credit Where it is Due. *Journal of Economic Perspectives*. Paper available at econwww. mit.edu/files/5416 (accessed August 4, 2010).

Banerjee, A. V., E. Duflo, R. Glennerster, D. Kothari. 2010. Improving Immunization Coverage in Rural India: A Clustered Randomized Controlled Evaluation of Immunization Campaigns with and without Incentives. British Medical Journal 340: c2220.

BENS (Business Executives for National Security). 2009. Building a Resilient America: A proposal to strengthen private– public collaboration. March 3. Available at www.bens.org/PBO Proposal_03_04_09.pdf (accessed March 12, 2010).

Bevc, C. 2010. Working on the Edge: Examining the Dynamics of Space-Time Covariates in the Multi-Organizational Networks Following the September 11th Attacks on the World Trade Center. Doctoral dissertation, Dept. of Sociology, University of Colorado at Boulder.

Briggs, R. O., G. Kolfschoten, C. Albrecht, D. R. Dean, and S. Lukosch. 2009. A Seven-Layer Model of Collaboration: Separation of Concerns for Designers of Collaboration

Systems. *Proceedings of the International Conference on Information Systems*. Association for Information Systems. Available at aisel.aisnet.org/cgi/viewcontent.cgi?article=1179&context =icis2009 (accessed July 1, 2010).

Bullock, J. A., G. D. Haddow, and K. S. Haddow (editors). 2009. *Global Warming, Natural Hazards, and Emergency Management*. Boca Raton, FL: CRC Press.

CDC-ATSDR (Center for Disease Control-Agency for Toxic Substances and Disease Registry). 1997. Principles of Community Engagement. Atlanta, GA: Center for Disease Control and Prevention. Available at www.cdc.gov/phppo/pce/ (accessed July 1, 2010).

FEMA (Federal Emergency Management Agency). 2008. National Response Framework. Washington, DC: U.S. Department of Homeland Security. Available at www.fema.gov/pdf/emergency/nrf/nrf-core.pdf (accessed March 11, 2010).

Fleischman, A. R. 2007. Community engagement in urban health research. *Journal of Urban Health* 84(4): 469-471.

Kadlec, A., and W. Friedman. 2008. Public Engagement: A Primer from Public Agenda. Essentials No. 01/2008. New York: Center for Advances in Public Engagement. Available at www.publicagenda.org/files/pdf/publicengagement_primer_0.pdf (accessed July 1, 2010).

Kapucu, M. 2007. Non-profit response to catastrophic disasters. *Disaster Prevention and Management*. 16: 551-561.

Lasker, R. D., E. S. Weiss, Q. E. Baker, A. K. Collier, B. A. Israel, A. Plough, and C. Bruner. 2003. Journal of Urban Health 80(1): 14-60.

Leighninger, M. 2009. The Promise and Challenge of Neighborhood Democracy: Lessons from the intersection of government and community. A report on the "Democratic Governance at the Neighborhood Level" meeting, November 11, 2008, Orlando, FL.

LLIS (Lessons Learned Information Sharing). 2006. Public-Private Partnerships for

Emergency Preparedness. LLIS.gov Best Practice Series. Available at oja.wi.gov/docview.asp?docid=14758&locid=97 (accessed July 1, 2010).

Lukensmeyer, C. J., and L. H. Torres. 2006. Public Deliberation: A Manager's Guide to Citizen Engagement. *Collaboration Series*. Washington, DC: The IBM Center for the Business of Government. Available at www.businessofgovernment.org/sites/default/files/LukensmeyerReport.pdf (accessed August 31, 2010).

Magsino, S. 2009. *Applications of Social Network Analysis for Building Community Disaster Resilience: Workshop Summary*. Washington, DC: The National Academies Press.

Mileti, D. S., 1999. *Disasters by Design: A Reassessment of Natural Hazards in the United States*. Washington, DC: The Joseph Henry Press.

Milward, H. B. and Provan, K. G. 2006. A Manager's Guide to Choosing and Using Collaborative Networks. *Networks and Partnerships Series*. Washington, DC: The IBM Center for the Business of Government. Available at www.businessofgovernment.org/sites/default/files/CollaborativeNetworks.pdf (accessed September 2, 2010).

Minkler, M., V. B. Vásquez, C. Chang, J. Miller, V. Rubin, A. G. Blackwell, M. Thompson, R. Flournoy, and J. Bell. 2008. Promoting healthy public policy through community-based participatory research: Ten case studies. A project of the University of California, Berkeley, School of Public Health and PolicyLink, funded by a grant from W. K. Kellogg Foundation. Available at www.policylink.org/atf/cf/%7B97C6D565-BB43-406D-A6D5-ECA3BBF35AF0%7D/CBPR_PromotingHealthyPublicPolicy_final.pdf (accessed September 10, 2010).

Morris, A. 1984. *The Origins of the Civil Rights Movement*. New York: The Free Press.

MSU (Michigan State University). 2000. Critical Incident Protocol—A Public and Private Partnership. Project supported by Grant No. 98-LF-CX-0007 awarded by the U.S. Department of Justice. Available at www.cip.msu.edu/cip.pdf(accessed July 1, 2010).

NRC (National Research Council). 2006. *Facing Hazards and Disasters: Understanding Human Dimensions*. Washington, DC: The National Academies Press.

NRC (National Research Council). 2010a. *Adapting to the Impacts of Climate Change*. Washington, DC: The National Academies Press.

NRC (National Research Council). 2010b. *Private–Public Sector Collaboration to Enhance Community Disaster Resilience: A Workshop Report*. Washington, DC: The National Academies Press.

Patterson, O., F. Weil, and K. Patel. 2010. The role of community in disaster response: Conceptual models. *Population Research and Policy Review* 29(2): 127-141.

TISP (The Infrastructure Security Partnership). 2006. Regional Disaster Resilience: A Guide for Developing an Action Plan. Reston, VA: American Society of Civil Engineers.

Wenger, E. 1998. *Community of Practice: Learning, Meaning and Identity*. Cambridge, UK: Cambridge University Press.

第 4 章　可持续的聚焦韧弹性合作的挑战

实现和维持社区韧弹性符合国家、州、社区、企业和公民的利益。那么，为什么韧弹性社区似乎是例外而不是规则呢？对这个问题的部分答案在于广泛的挑战，这些挑战抑制或阻碍努力创造社区韧弹性所需的合作环境。委员会承认，国家普遍越来越关注社区灾害韧弹性，特别是聚焦韧弹性的公私合作。委员会还承认，尽管众多单独项目为具体的努力提供支持，但国家一级确实不存在真正支持以社区为基础的、可持续的、聚焦韧弹性的公私合作发展的政治和社会环境。从某种意义上说，这让社区独立决定如何推进、什么起作用、什么是可持续的，并且常常通过尝试和错误来确定哪些不起作用。在努力失败后重新开始的资源或激励可能不存在。然而，付诸努力是社区的最大利益。增强韧弹性的公私合作可能是特别有效的，当努力的目标在社区一级上很大程度上是自主的，并且与上级政府联系，以便获取更多的支持和专业知识。

随着社区向前推动，采取和应用合作框架，无论是本报告中提供的还是其他的，对不可避免的挑战的敏感性是必要的。下面介绍一些可能妨碍成功和可持续的公私合作的问题。它们已由委员会成员和委员会信息收集研讨会的与会者确定（NRC，2010 年）。这里描述的一些挑战可能属于棘手问题的范畴（第 2 章已讨论）。有些是在多级政府中遇到的，事实上，委员会提供的例子是本项目研究的发起人，国土安全部（DHS）最为熟悉的例子，并且这些例子提供了可调整到社区的经验。第 5 章推荐了用于解决一些挑战的研究。

4.1 增加弱势群体的能力和机会

社区中最脆弱的群体往往没有参与聚焦韧弹性的公私合作努力需要的才能、能力或机会。美国人口多样化，采取增强韧弹性措施的能力，包括组成或参与公私部门合作的能力差别很大。阻碍更广泛的发展的主要因素是有些群体非常脆弱，面临极端事件的风险，并且经常受到经济和社会压力的影响。备灾和灾害韧弹性往往不在那些经常处于慢性病和危机的人的议程上，例如贫穷、犯罪、暴力、严重疾病和失业。此外，美国的许多群体与主流社区机构缺乏牢固的联系，这些机构可以作为灾害相关信息和社会支持的来源。这些群体包括英语不说者、有精神健康和药物滥用问题的人、独居老人（正在增长的群体）、身体残疾的人、无家可归的人和暂时居住在社区的人。这并不是说这些群体缺乏组织和社会团结（尽管美国社区的许多人确实遭受了社会孤立）。但是，这些群体和为他们服务的组织人员或许不具备知识和获取信息的机会，这将激励或允许他们参力增强韧弹性合作努力。

卡特丽娜飓风的后果是个生动的例子，说明穷人、少数民族、老年人和弱势群体在应对或恢复努力方面没有得到很好的服务（Colten et al.，2008）。面对即将来临的飓风，整个墨西哥湾地区都在计划撤离，卡特里娜飓风之前的疏散工作被认为基本上是成功的。然而，没有考虑那些依赖公共交通工具的人（Townsend，2006）。在卡特里娜飓风之后的几天里，那些留在新奥尔良的人，包括被收容在社会福利机构的居民和为他们服务的人，被迫忍受极端的苦难，在许多情况下失去了生命。卡特里娜飓风的例子并不是唯一的。社会不平等和多样性影响承担和恢复灾害效应能力的方法已得到充分记录，社会脆弱性本身是灾害研究的主要研究对象（如，Tierney，2007；NRC，2006；Cutter et al.，

2008）。

正如本报告多次陈述的那样，通过公私合作成功建设韧弹性取决于是否纳入了社区完整结构。只有考虑并使用发现社区和代表弱势群体组织中的弱势群体，让他们参与的战略，社区韧弹性才能得到改善。处理脆弱性减少了应对和恢复的需要。如果没有确定人口中的弱势群体，整个社区面对灾难时，就缺乏韧弹性。

4.2　对风险和不确定性的认知

个人、机构和整个部门往往没有认识到会构成不可接受的风险，或者他们有降低风险的责任，乃至能力。成功的聚焦韧弹性的公私合作部分取决于增加风险、不确定性的透明度和常识。成功的合作战略建设试图解释社区成员对什么是极端事件缺乏理解，并且认为极端事件不会影响到个人。

认知是行动的基础，不准确的认知阻碍了推进社区灾害韧弹性的行动。个人、群体和社会很难理解并处理低概率但有严重后果的信息。理解风险在概念上是很困难的，也会受到偏见的影响，包括对最近或戏剧性事件的关注（通常排除更可能发生的事件）或基于过去事件对未来事件的预期。作为后者偏见的例子，在卡特丽娜飓风的情况下，有证据表明，有些新奥尔良少数民族居民选择不撤离他们的家园，尽管有强制疏散令，因为他们有过去贝齐飓风和卡米尔飓风方面的经验（Elder et al., 2007）。他们有理由认为，由于他们在过去的风暴中待在家里是安全的，卡特里娜飓风对他们来说几乎没有什么危险；还能有多严重呢?

时间范围也会影响对风险的认知。人们可能相信重大灾难可能会发生，但不会发生在他们自己的有生之年。个人和机构可能会倾向于在相对较短的时间内进行思考和规划。这可能是为什么政治领导人低估了使他们的社区对稀有事件更具韧弹性的未来好处的部分原因，特别是如果他们的任期相对短的话。如果没有紧迫感，参与合作的好处可能不会得到重视。即使人们对某一特定类型灾害的发生达成共识，比如加利福尼亚人普通认识到地震的可能性，但人们也难以相信这样的事件会对他们造成影响。

在制定合作战略时要考虑的另一个挑战是人们普遍无法掌握不确定性的概念。对未来的预测，包括灾害发生的可能性，总是包含不确定因素。然而，当不确定性大到令人无法接受时，人们不会采取行动或推迟采取行动。例如，公众和机构无法评估和采取行动应对气候变化的两个关键因素是气候变化影响预测的不确定性和与有意义的地理与时间尺度预测有关的不确定性（NRC，2009）。其他类型的危险也是如此：当与事件相关的认知不确定性及其后果很高时，很难证明行动是恰当的。一个重要的告诫是关于“可接受”的不确定性程度的判断，例如可接受风险的判断，是社会性的而非科学性的。

对自然、技术和其他威胁的社会反应的研究表明，理解风险和在理解的基础上采取行动之间没有必然的联系（NRC，2006 年）。如上文所述，即使充分了解所面临风险，一些群体也缺乏采取建议措施的能力，例如，由于财务、健康、心理健康和语言问题。关于影响备灾因素的大量文献显示，以收入、教育和住房所有权为衡量标准的富裕阶层通常比不富裕的阶层需要更好准备（NRC，2006）。

成功的聚焦韧弹性的合作包括鼓励组织制定识别威胁和评估风险的既定过程的策略。这种鼓励是与文化惯性作斗争。企业和其他私人部门组织受不准确和不完整的风险认知的影响，因此不可能提供资源来降低风险或认可合作的潜在价值。企业风险管理（ERM）的概念在一定程度上得到了私营部门的支持，它帮助一些公司在全组织范围内评估其风险，确定风险中的优先事项，并制定一致的、全面的风险管理办法[1]。然而，企业风险管理在私人部门并没有得到广泛应用，甚至在公共部门更不普遍。

4.3 合作规模

地方、区域和国家的合作努力没有有效地联系或协调。这会对从事基于社区公私合作的人员提出挑战，因为他们试图确定和利用社区资源，并规划实施战略。许多组织运作的规模与需要采取增强韧弹性行动的规模间存在不匹配，有时难以维持本报告所述的合作。一些企业和非政府组织在国家层面与美国国土安全部合作，但不参与其实际所在当地社区的合作努力。像国家规模的零售连锁企业很难持续地与当地社区的完整结构进行合作，与国土安全部和联邦应急管理局（FEMA）决策者和规划者国家合作，并就危机供应链问题与其他企业进行协调。其他企业在当地可能非常活跃，但不属于由国土安全部和其他可为本地工作提供战略背景和计划资助机会的机构协调的地区或国家合作努力的一部分。

在公共部门方面，国土安全部的区域和地方存在是碎片化的、局部的，而且仍在发展，所以，很难意识到或使地方和区域聚焦韧弹性的合作，因此社区级的合作结构难以与它们垂直联网。

虽然国土安全部的有些机构（如海岸警卫队、海关和边境巡逻队以及交通安全机构）确实存在于一些地区和某些部门，但他们与地方一级私人实体的

[1] 例如，请参阅伤亡精算协会网站了解更多信息 (www.casact.org/research/erm/; 2010 年 6 月 18 日访问).

联系一般是针对具体任务的，而不是更广泛地聚焦于加强社区对所有危险的韧弹性。联邦应急管理局已经并将继续影响当地的韧弹性建设行动，例如，通过2000年减灾法案和斯坦福法案，但它在区域一级以下没有实际存在。因此，确定私人部门和公共部门的垂直网络节点是至关重要的，并据此规划其战略，这是社区的一项具有挑战性的任务。

4.4 利益分歧

合作者的利益常常出现分歧，这阻碍可信合作关系的发展。当不同的利益相关者参与合资企业时，既得利益往往起作用，并可能导致冲突和未能就目标、目的和方法达成一致。任何实体都不能因追求自身利益而犯错；这样做是自然的，也是可以理解的。然而，当参与者把合作看作零和游戏时，问题就出现了。这些问题会使韧弹性加强的努力和有效合作的发展复杂化。组织希望保证参与合作的好处超过自主权的损失、财务和声誉相关的风险以及与合作活动投资相关的成本。如果合作参与者未能获得有形和有意义的回报，问题就会发生。然而，同样重要的是要建立合作伙伴间的信任，为更广泛的集体利益而工作，从而使个体合作者受益。社区和社会韧弹性的建设取决于承认和解决各方的优先事项的能力，同时通过合作努力确定和利用共同利益。

国土安全部（DHs）自愿性私人部门准备认证和鉴定计划（PS-Prep）是公共和私人部门利益分歧的一个例子[2]。 DHS 建立作为一个自上而下的努力

[2] 见 www.fema.gov/privatesector/preparedness/index.htm (2010年6月18日访问).PS-Prep 计划的推动力是2007年“9 · 11”委员会法案实施建议书的标题 IX(Public Law 110-53,2007)。该计划试图通过为私人部门准备提供激励措施来提高韧弹性。2009年1月，美国国土安全部门召开了一系列有关标准的公共利益相关者会议。2009年10月，美国国土安全部推荐了三项私人部门防备标准作为 PS-Prep 的一部分：NFPA 1600, ASIS International SPC.1-2009, and British Standard 25999 (NFPA, 2007; ASIS International, 2009; BSI Group, 2009). 关于遵循标准的公众评论期。

来发布企业的自愿韧弹性标准，在这个过程中，合作是在美国国土安全部集中管理的正式过程中进行的。可以预见的是，私人部门的反应参差不齐。业务连续性社区，即很大程度上得益于该方案存在的私人部门群体一直积极传播有关新的自愿标准的信息。该部门的一位评论员对该计划没有得到美国国土安全部的重视表示关注，但同时也指出，PS-Prep的批评者认为这是“美国国土安全部规范行业、对私人部门施加额外的规则、条例和成本的秘密途径[3]。”2009年5月IBS出版社的一篇博客文章介绍了对旧金山地区银行高管的专访，援引他的话说：由于新出台的标准，“银行能够忍受顺从的噩梦”和“尽管这个想法很好，但它对银行业构成威胁……那么，我们公共部门和私人部门如何玩到一起呢？[4]”粗略地看一下在公开会议上提出的意见，显示出私人部门对经济负担和确保企业遵守规定所需的人员培训的担扰。小企业尤其会感到负担。总之，PS-prep制订了广泛接受的标准和度量标准，已经有了不同的结果，但需要过程，形成对当地合作努力威慑作用。从PS-prep中吸取的经验教训能扩展到社区级别：建立公私合作的社区必须对有时合作者相互竞争的自我利益保持敏感并加以明确。必须确定激励措施，让社区的所有部门参与，以实现合作的目标和方法。

最好避免公私合作和广泛社区的从业人员间的冲突和竞争。另一个关于既得利益如何能够引起冲突和竞争的国家级例子是国土安全部城市地区安全倡议（UASI）[5]，其目的是增加社区和区域对恐怖袭击和其他极端事件的准备。该倡议自成立以来，更多地侧重于与危机有关的传统组织，如消防警察部门和地

[3] 见 securitydebrief.adfero.com/2009/11/03/private-sector-prep-does-anybody-care/ (2010年8月4日访问).

[4] 可得到 at www.zoominfo.com/people/Cardoza_Barry_312319040.aspx (2010年6月30日).

[5] 见 www.fema.gov/government/grant/uasi/index.shtm (2010年6月18日访问).

方应急管理机构，而较少用于其他类型的组织，如企业、公共卫生机构、学区、社区组织和大学。该计划的特点是，不仅在社区一级的机构间，而且在区域核心城市和与其城市化程度相对较低的机构间具有各种不同的竞争和冲突。即使获得 UASI 的补助社区视自己为争夺对他人的资金。竞争与合作在社区一级同时产生的，因为不同的社区机构根据他们自己对打击什么样的恐怖主义的定义来寻求资金，并试图遵守该计划的指导方针。DHS 为了管理控制和问责制，使用了集中等级的方法来规划开发和资金，这导致了一个未有效支持和启用社区级合作的计划。

努力形成公民、社区组织和企业间合作，总有政治因素。社区组织进程本身可以与政治议程相结合，并得到支持或被政党或候选人视为威胁。一旦获得授权，公私合作可能会挑战政治现有的假设，比如，即使在遭受水灾或其他已知威胁的地区也需要对不受约束的社区增长的需要的假设，甚至即使这种增长可能导致更大的灾难损失。以社区为基础的联盟某种程度参与到土地使用和法规、政府优先事项、税收、政府问责、向群体提供援助，使他们变得更有韧弹性以及参与联邦方案的辩论中，他们的活动将被列为政治性的，并做出相应的回应。

4.5 合作者的信任

总体而言，合作建设韧弹性的各方间缺乏信任。联邦机构争夺项目资金。州和地方机构对联邦的干涉表示不满。企业担心政府管制、指导或控制会限制其创新性和市场灵活性。私人部门管理人员和公共部门官员间存在着广泛的文化差异。他们的组织文化、标准和语言是不同的。建立关系和信任的机会和动机太少了。建立合作所需的信任关系需要对利益相关者动机和需求的相互理解。一旦建立起信任和合作关系，就需要不断地培养。合作的可持续性取决于合作者相信合作结构和战略是正确的，取决于他们对合作网络的优势和资源的熟悉程度，取决于他们对长期合作的承诺。

在外交关系委员会（CFR）关于公私伙伴关系的白皮书中，Flynn 和 Prieto（2006）追踪了国土安全部（DHS）参与合作和并有效地促进以社区为基础的可持续韧弹性文化发展的障碍。美国国土安全部的管理主要是由并入到 DHS 的机构人员和从其他机构的临时雇员组成，许多人可能仍然对母机构比对 DHS 更忠诚。该机构严重依赖承包商，包括像政策和战略发展这样的关键领域的承包商。成交量往往很高，士气往往比较低，国土安全部人员对私人部门和非营利部门的需要和资源缺乏了解。这些情况使国土安全部很难有效地促成或参与公私伙伴关系，同样的情况也会给社区一级的韧弹性建设带来问题。CFR 报告指出，需要“增强国土安全部的质量和经验，并与私人部门建立人员交流计划，以帮助使 DHS 成为私人部门更有效的伙伴”（Flynn and Prieto, 2006 : 35）。对于社区一级的合作来说，考虑如何让参与者熟悉其他合作者的需求和资源，以及如何建立彼此信任也是非常重要的。DHS 机构领导的地方和区域有效合作的例子，可作为范例使用。例如，美国海岸警卫队支持地方公私港口安全委员会和区域安全委员会，这使得政府、私人和非营利的港口和水路用户在安全和安保问题上通力合作。海岸警卫队和国家研究委员会的交通研究委员会共同主办了这些委员会的年度会议[6]。

[6] 见 www.trb.org/marinetransportation1/calendar1.aspx (2010 年 6 月 20 日访问).

4.6 信息共享

不完整和无效地分享有关威胁和脆弱性的信息对公私合作构成了挑战。政府和私人部门都有关于信息共享的合理关切。私人部门的担忧有其信息的敏感性，对信息披露的法律限制，竞争对手可能会通过共享获得的优势，以及存在的企业间商业合同，如保密协议。私人、公共的信息共享往往被认为缺乏适当的平衡：法规要求企业向政府披露信息，但政府可能不会以企业需要的信息作为回报（Flynn and Prieto, 2006）。

政府机构还受到隐私限制、透明度要求和安全规则的约束。他们必须保护机密信息和被认为是“敏感的但未分类的”和“只供官方使用”的信息。同时，下级政府实体和政府以外的实体可能为自己的准备活动需要这类信息，但必须有安全许可。掌握信息的人决定哪些实体应获得这类许可以及信息传播的范围。如果社区拒绝提供关键数据，可以认为对基础设施脆弱性的严格分析是不可能的。这可能会引起那些参与者和社区间对聚焦韧弹性合作的有效性产生怀疑，从而导致不信任。评估社区的脆弱性和资源是委员会建议的合作的早期步骤。

对恐怖主义的担忧只会加剧那些紧张局势，甚至使政府间的信息共享变得困难。地方社区长期以来一直主张他们应该能够获得与威胁相关的信息，以支持他们的风险管理和应急管理决策，但政府各部门间在这些问题上的合作证明是有问题的。联邦官员一直不愿与当地救助者以及当选和任命的官员分享威胁信息。当执法机构确实获得了威胁信息，但地方政府领导人却没有时，会引发进一步的担扰。例如，2005 年，俄勒冈州波特兰市长终止了该市对多机构联合反恐部队的参与，因为他被禁止获取已提供给波特兰执法官员的信息。这类案件突出显示了在敏感信息不落入恐怖分子手中的必要性和需要支持那些在恐怖袭击中保护公众的责任间建立平衡的挑战。（更多的讨论见 Flynn and Prieto，2006；GAO，2005，2008）。

委员会信息收集研讨会的几位与会者表示，私人部门执行者如果认为社区一级没有公平地分享数据或责任，就可能不愿参加公私部门的合作（NRC，2010 年）。一方、组织或部门认为可能承担比另一方更大的负担，或由于这种负担可能承担更大的责任，这会阻碍合作。在社区一级，平衡各部门需要分享信息和保持信息的挑战，必须由那些参与公私合作的人认真处理。

这些合作者可能认为信息是一种资源，并了解信息可用性（和准确性）的局限性，因此制定战略，协调活动，并执行响应。

4.7　跨越边界

组织往往确实不寻求、发展或奖励支持合作努力所需的组织和个人能力。需要特定类型的个人技能、专业知识和组织实体建立信任的关系，并促进克服组织和政府间边界的合作行动。合作和伙伴关系通常是通过“跨越边界”人的努力而形成的，这些人在组织文化之外冒险，并乐于听取其他组织的意见和关切。希望建立合作关系的组织可能会发现，他们必须给合适的人分配跨越边界的责任，并授权他们采取行动。然而，往往忽略了这一重要作用，限制了边界跨越活动。例如，公共部门官员接受的培训是如何不与私人部门管理人员建立关系（拒绝免费就餐和设置合同限制和隐私要求），而不是如何培养他们。当公共部门实体与私人实体互动时，这种互动往往以法律和管理问题为中心，而不是自愿和互利的合作。如上所述，信息共享的限制阻碍了公共和私人部门间的合作。

有效的合作是建立在相互理解的基础上的。然而，公共、营利性和非营利性部门的员工往往缺乏跨部门的理解和获得其能力。典型的商学院课程仅包含很少或没有公共部门管理的内容，特别是风险和应急管理。职业公务员可能对私人企业的经营经验和知识最少。同样，公共和营利性部门都缺乏对与有关非营利组织管理的挑战的理解。

当社区掌握与灾害风险和韧弹性相关的领域缺乏共同理解和框架时，他们就会受益，他们也受益于学习跨越边界成功的例子。例如，由于其在关键基础设施保护方面的使命，而且这些基础设施大部分掌握在私人手中，国土安全部有机会与公用事业服务提供者、银行和金融部门以及联邦指定的其他关键基础设施部门进行互动。联邦应急管理局负责管理全国洪水保险计划[7]，要求该机构与私人保险公司和再保险公司建立关系。联邦应急管理局还与私人部门就减少损失的关键问题进行互动，如建筑规范的规定。公民团体计划直接与公众合作，以加强民间社会的救灾能力[8]。诸如商业和家庭安全研究所[9]，保险团体和国家安全事务主管 (BENS)[10] 等实体与联邦政府机构均有联系。如本报告前面所述，公私伙伴关系，比如美国生命线联盟、联邦应急管理局与美国土木工程师协会间的伙伴关系，提供了聚焦基础设施韧弹性的互动机会[11]。

组织如个人可能跨越边界。诸如环境和气候变化政策等领域的科学、技术文献和文学强调“边界组织”在建立实体和部门间必要的联系和交流方面的作用；而离开边界组织，这些实体和部门将无法相互理解或合作。边界组织

[7] 见 www.fema.gov/business/nfip/ (2010 年 6 月 23 日访问).

[8] 见 www.citizencorps.gov/ (2010 年 6 月 23 日访问).

[9] 见 www.disastersafety.org/ (2010 年 6 月 23 日访问).

[10] 见 www.bens.org/home.html (2010 年 6 月 23 日访问).

[11] 见 www.americanlifelinesalliance.org/ (2010 年 6 月 23 日访问).

概念最初是根据科学和政策界之间的互动研究提出的（见 Guston，1999，2000，2001），但也被用于讨论诸如气候有关的决策等主题（NRC，2009年）。例如，在这一领域，边界组织被认为在支持科学家与科学信息用户间的互动方面发挥着有益和富有成效的作用。这类组织不仅促进了科学家与其他群体间的交流，而且促进了不同利益相关者间的交流；它们有助于长期保持互动，并为尽量减少组织间的冲突和竞争提供了环境。国家建筑科学研究所（NIBS）及其多危险减灾委员会（MMC；见专栏 4.1），应用技术委员会（见专栏 4.2）和自然灾害中心（见专栏 4.3）是试图解决特定类型的灾害韧弹性需求的边界组织的例子。他们发挥着许多有用的功能，如他们的寿命和吸引资源的能力、产品的使用以及他们对减少损失政策和实践的影响（MMC，2005）[12]。然而，边界组织所占据的位置与所有危险韧弹性增强的整体目标相比都相对狭窄。同样重要的是，这些组织或许多其他边界组织都没有明确地关注与不同的选区开展广泛的韧弹性活动。

专栏 4.1　国家建筑科学研究所

国家建筑科学研究所（NIBS）及其多危险减灾理事会就是试图解决特定类型灾害韧弹性需求的边界组织的例子。根据他们的网站，NIBS 是一个非营利性的非政府组织，它成功地汇集了政府、专业、工业、劳工和消费者利益和监管机构的代表，重点识别和解决已有和潜在的问题，这些问题阻碍美国住房、商业和工业界建造安全、支付

[12] 例如，NIBS MMC 研究是为了回应国会的授权而进行的，并且通过使用严格的分析方法证明了缓解投资导致国家和联邦财政储蓄。

得起的建筑。经美国国会授权，该研究所提供了权威的来源和独特的机会，就建筑环境进行私人和公共部门的自由和坦率的讨论。

多危险减灾理事会（MMC），国家建筑科学研究所（NIBS）主管的几个理事会之一，负责编写“减轻自然灾害损失”报告（MMC，2005）。该报告确认，对减灾项目和过程活动的投资是合算的。像其它的NIBS理事会，MMC为公私部门的实体提供了持续的讨论场所。MMC成员包括大学、州官员、联邦机构（国家标准和技术研究所）、专业协会、安全设备生产商和工程咨询公司。

专栏4.2 应用技术委员会

应用技术委员会（ATC），加利福尼亚州红木城的非营利组织，是另一种类型的边界组织。ATC由加利福尼亚结构工程师协会成员于1973年成立，ATC致力于将最新的减少损失的工程知识应用到实践工程界。虽然很大程度上集中于地震工程安全问题，但该组织已经扩展到与其他危险相关的工程挑战。ATC与FEMA保持着长期的关系,FEMA资助其为抗震性能设计指导文件提供指导文件和培训活动。ATC还在包括城市政府和工程研究财团在内的各种不同机构和实体的赞助下从事知识转移活动。作为边界组织，ATC在利用FEMA等机构提供的资金发挥着特殊作用，旨在通过与工程界的直接互动制订指导方针，将研究转化为实践。

专栏 4.3　自然灾害中心

科罗拉多州大学的自然灾害中心（NHC）成立于1976年，专门用于解决当时被称为调整自然灾害方面的成为知识与实践的差距。像这里所讨论的其他组织，NHC作为减少灾害损失社区若干部门的边界组织。由国家科学基金会和少量以减少灾害损失为任务的机构的支持，NHC机构从事各种宣传活动和教育活动，包括时事通讯、自然灾害观察员、网站、主持聊天和博客、支持快速响应研究;专为大学、政府、国际减少损失机构和组织和私人部门间不同群体间的互动而举办的年度讲习班；图书馆和信息服务；学位论文奖；各种专著和特别出版物。NHC采取多学科实现灾害韧弹性，但其最强大的支持者是社会科学研究人员和应急管理社区。

为建立富有成效的公私合作,需要投入更多的时间和精力促进多部门合作，以增强灾害韧弹性。为私人和公共部门员工提供培训和教育经验，向从事跨越边界活动的人提供奖励,支持和扩大其任务与韧弹性目标一致的边界组织活动，这将为实现这一目标带来进展。多部门合作不太可能在广泛范围内进行，除非国家一级采取行动解决下面讨论的协调碎片化和缺失，这是目前社会努力提高灾害韧弹性的特点。如果现状是允许持续存在的，那么聚焦韧弹性合作将继续是狭隘的、专业化的、非包容性的、不均衡的和跨社会各部门就韧弹性目标而言是不协调的。

4.8 碎片化、不一致以及缺乏协调

尽管美国以前采用了全面的、全危险的应急管理方法，但在 2001 年 9 月 11 日的事件中，带来了一系列新的项目和资助机会，以增强社区的韧弹性。然而，它也帮助建立了分支国家应急管理系统，这既将恐怖主义威胁置于其他威胁之上，又将扩展了州和地方两级的恐怖主义和危险管理的独立系统。行政命令，比如 HSPD-5[13] 和 HSPD-8[14]，压倒性地强调了恐怖主义防备，这导致了应急管理社区的进一步分割。为了响应联邦领导的号召，各州开始发展独立的国土安全部门，并与传统的应急管理机构分开。对恐怖主义和随之而来的新资助机会的关注导致了联邦、州和地方各级专门的国土安全伙伴关系网络的发展，这些网络基本上独立于传统应急管理机构已建的网络。当前的关注导致建立了有效的伙伴关系，这解决了反恐（比如，联合恐怖主义工作队）、基础设施保护（比如，信息共享和分析中心 -ISACs[15] 和部门协调委员会 [16]）和港口安全（比如，地区安全委员会）。许多这样的伙伴关系是有成效的，但它们往往依赖于联邦计划和资金，强调国家一级的合作，的确不容易转化为实际的地方合作。而且，如前所述，为保卫祖国而建立的网络表现出各组织和各级政府间信息共享的长期问题。除了对部分潜在合作伙伴产生怀疑外，信息共享问题阻碍了发展和培育韧弹性的合作网络所需要的各种全面参与。

已制订旨在增强韧弹性的计划和政策的各机构和实体间存在碎片化、不一

[13] 见 www.fas.org/irp/offdocs/nspd/hspd-5.html (2010 年 6 月 30 日访问).

[14] 见 www.fas.org/irp/offdocs/nspd/hspd-8.html (2010 年 6 月 30 日访问).

[15] 1998 年总统决议指令 63 (PDD 63) 将 8 个基础设施行业定义为对国民经济和福祉至关重要 PDD 63 also 提出了建立 ISACs (see www.fas.org/irp/offdocs/pdd/pdd-63.htm; accessed June 23, 2010).

[16] 见 www.dhs.gov/files/partnerships/editorial_0206.shtm (2010 年 8 月 6 日访问).

致和缺失的协调，实际上阻碍了合作努力。仅单独在联邦家族的内部，不同机构和分理处寻求建立有效的公私合作，以应对危险，但努力基本上是不协调的。例如，国家海洋和大气管理局和环境保护署赞助的计划旨在发展地方和区域的公私伙伴关系和支持决策，以应对气候变化和差异，以及这些变化引起的极端事件（NRC，2009）。美国农业部合作推广服务[17]及国家海洋和大气管理局国家海洋赠款网络[18]是当前联邦参与促进社区一级行动和能力的伙伴关系的相当成功例子。联邦应急管理局的职责包括发展公私伙伴关系，以增强灾害韧弹性。他的上级机构责任也是如此。卫生和人类服务部国家保健设施伙伴关系处提供资金，以提高在特定地理区域内医院及其社区的超负荷能力和备灾能力，部分是在应急前增强公私部门间的关系[19]。疾病控制和预防中心通过其临床医生拓展服务和交流活动（COCA）项目，参与所有危险的准备工作，该方案向临床医生提供最新信息，并就新出现的健康威胁进行双向沟通[20]。

国土安全部的许多其他机构和办事处，包括那些负责保护基础设施的，也致力于实现韧弹性目标。奥巴马政府国家安全委员会[21]的13个部门之一负责提高国家韧弹性以应对所有威胁。最近发布的国家安全战略将韧弹性确定为国家最高的安全事项之一（The White House，2010）。同样，团体，诸如国际市/县管理协会[22]、国家州长协会[23]和国家县和市卫生官员协会[24]开始把重点放在

---

[17] 见 www.csrees.usda.gov/Extension/ (2010 年 7 月 1 日访问).

[18] 见 www.seagrant.noaa.gov/ (2010 年 7 月 1 日访问).

[19] 见 www.phe.gov/preparedness/planning/nhfp/Pages/default.aspx (2010 年 9 月 20 日访问).

[20] 见 emergency.cdc.gov/coca/about.asp (2010 年 9 月 20 日访问).

[21] 奥巴马政府合并了国土安全委员会和国家安全委员会 .

[22] 见 icma.org/en/icma/about/organization_overview (2010 年 8 月 27 日访问).

[23] 见 www.nga.org/portal/site/nga/menuitem.b14a675ba7f89cf9e8ebb856a11010a0 (2010 年 8 月 30 日访问).

[24] 见 /www.naccho.org/ (2010 年 8 月 31 日访问).

韧弹性问题上，但没有就韧弹性问题开展合作，并在社区一级制造挑战。尽管有了这种新的重点和推动力，但所有这些组织间似乎没有什么合作产生，而且当公私合作努力寻找信息、资金和其他资源时，社区一级会出现混乱。

在社区一级，参与合作努力的人必须为支持聚焦韧弹性的计划方案和资金流的协调缺失做好准备。这种协调缺失可能导致合作者间的冲突和竞争。联邦的资助资金，通常是地方聚焦韧弹性奖励的来源，是以狭义的计划性途径来提供的。地方政府试图通过不协调的资金流来实现综合的社区目标。使用的基金有 UASI 基金、来自疾病控制和预防中心 [25] 的公共卫生应急准备基金、住房和城市发展部的住房基金 [26]、来自国家海洋和大气管理局的沿海韧弹性网络基金 [27] 和 FEMA 灾后减灾基金 [28]。在如此碎片化和不协调的条件下，社区一级的韧弹性难以产生，这是可以理解的。这确实不意味着社区一级的聚焦韧弹性的公私合作是不可能的，并不应该发生；相反地，社区应该意识到政治气候并制定相应的战略。公私合作可以是利用不同的联邦资源造福于整个社区的理想手段，从而避免不同部门间社区一级的竞争。

4.9 发展指标

很少有定量度量合作的好处。因此，没有经验证据支持旨在提高社区韧弹性的资助和政策决议。MMC 的独立研究试图量化由三项主要的包括“项目影响”在内的自然灾害减轻补助计划资助的减灾行动所带来的潜在收益，其结果

---

[25] 见 www.bt.cdc.gov/planning/ (2010 年 6 月 30 日).

[26] 见 portal.hud.gov/portal/page/portal/HUD/program_offices/administration/grants/fundsavail (2010 年 6 月 30 日).

[27] 见 www.csc.noaa.gov/funding/ (2010 年 8 月 9 日).

[28] 见 www.fema.gov/government/grant/hma/index.shtm (2010 年 6 月 30 日).

表明，FEMA 减灾补助的每一美元平均节省了社会 4 美元（MMC，2005)。然而，社区韧弹性的建设目标通常被定义为概念的，而不是可观察和可衡量的结果。无法衡量和评估协作的结果，使得组织和个人更难致力于合作解决方案。

案例研究，像与“项目影响”有关的，倾向于轶事。很少收集纵向数据，并且没有识别与结构相关的混杂变量（Magsino，2009，NRC，2010）。当目的不为人所知和确实不存在衡量进展的有效手段时，难以让很多人和组织给流程予以承诺。人们能看到和衡量结果时，反应最好。当合作成本明确，但利益不在时，企业不愿做出承诺。参与合作通常是个人承诺和接受风险意愿的一种方式。然而，大多数组织中人们因可衡量的活动受到奖励，因此建立基本的合作，个人成功通常是无偿的。

社区可能没有资源来制定各种指标来定量评估韧弹性和由聚焦韧弹性的公私合作产生的类似因素的增长。在研究未给出如何衡量这样的结果之前，社区可以制订目标和机制来满足它们。这些目标和机制包括描述合作有效性的谨慎里程碑。这样的描述或许无法完全量化资助或政策发展目的带来的结果，但它们可以保持高水平或提高参与的热情。

参考文献

ASIS International. 2009. SPC.1-2009 Organizational Resilience Standard Adopted by the DHS in PS-Prep. Alexandria, VA. Available at www.asisonline.org/guidelines/or.xml (accessed June 30, 2010).

BSI Group. 2009. BS 25999 Business continuity. London, UK: British Standards Institution. Available at www.bsigroup.com/en/Assessment-and-certification-services/management-systems/Standards-and-Schemes/BS-25999/ (accessed June 30, 2010).

Colten, C. E., R. W. Kates, and S. B. Laska. 2008. Community Resilience: Lessons from New Orleans and Hurricane Katrina. Oak Ridge, TN: Community & Regional Resilience Institute. Available at www.rwkates.org/pdfs/a2008.03. pdf (accessed August 31, 2010).

Cutter, S. L., L. Barnes, M. Berry, C. Burton, E. Evans, E. Tate, and J. Webb. 2008. A Place Based Model for Understanding Community Resilience to Natural Disasters. *Global Environmental Change* 18(4): 598-606.

Elder, K., S. Xirasagar, N. Miller, S. A. Bowen, S. Glover, and C. Piper. 2007. African Americans' Decisions not to Evacuate New Orleans Before Hurricane Katrina: A Qualitative Study. *American Journal of Public Health* 97(S1): 124-129.

Flynn, S. E., and D. B. Prieto. 2006. Mobilizing the Private Sector to Support Homeland Security. Washington, DC: Council on Foreign Relations. Available at www.cfr.org/publication/10457/neglected_defense.html (accessed June 30, 2010).

GAO (Government Accountability Office). 2005. Clear Policies and Oversight Needed for Designation of Sensitive Security Information. GAO-05-677. Washington, DC. Available at www.gao.gov/new.items/d05677.pdf (accessed August 4, 2010).

GAO (Government Accountability Office). 2008. Definition of the Results to be Achieved in Terrorism-Related Information Sharing is Needed to Guide Implementation and Assess

Progress. GAO-08-637T. Washington, DC. Available at www.gao.gov/new.items/d08637t.pdf (accessed August 4, 2010).

Guston, D. H. 1999. Stabilizing the boundary between U.S. politics and science: The role of the Office of Technology Transfer as a boundary organization. *Social Studies of Science* 29(1): 87-112.

Guston, D. H. 2000. *Between Politics and Science: Assuring the Integrity and Productivity of Research*. New York: Cambridge University Press.

Guston, D. H. 2001. 'Boundary organizations' in environmental policy and science: An introduction. *Science, Technology, and Human Values* 26: 399-408.

Magsino, S. 2009. *Applications of Social Network Analysis for Building Community Disaster Resilience: Workshop Summary*. Washington, DC: The National Academies Press.

MMC (Multihazard Mitigation Council). 2005. Natural Hazard Mitigation Saves: An Independent Study to Assess the Future Savings from Mitigation Activities. Washington, DC: National Institute of Building Sciences. Available at www. nibs.org/index.php/mmc/projects/nhms/ (accessed June 30, 2010).

NFPA (National Fire Protection Association). 2007. NFPA 1600: Standard on Disaster/Emergency Management and Business Continuity Programs. Available at www.nfpa.org/assets/files/pdf/nfpa1600.pdf (accessed June 30, 2010).

NRC (National Research Council). 2006. *Facing Hazards and Disasters: Understanding Human Dimensions*. Washington, DC: The National Academies Press.

NRC (National Research Council). 2009. *Observing Weather and Climate from the Ground Up: A Nationwide Network of Networks*. Washington, DC: The National Academies Press.

NRC (National Research Council). 2010. *Private-Public Sector Collaboration to Enhance Community Disaster Resilience: A Workshop Report*. Washington, DC: The National

Academies Press.

Public Law 110-53. 2007. Title IX – Private Sector Preparedness. Implementing the 9/11 Commission Recommendations Act of 2007. August 3. Available at www.nemronline.org/TITLE IX Private Sector Preparedness.pdf (accessed June 30, 2010).

Tierney, K. J. 2007. From the margins to the mainstream? Disaster research at the crossroads. *Annual Review of Sociology* 33: 503-525.

Townsend, F. F. 2006. Federal Response to Hurricane Katrina: Lessons Learned. Washington, DC: Washington Government Printing Office. February. Available at georgewbush-whitehouse.archives.gov/reports/katrina-lessons-learned/ (accessed June 30, 2010).

The White House. 2010. *National Security Strategy*, available at www.whitehouse.gov/sites/default/files/rss_viewer/national_security_strategy.pdf (accessed August 6, 2010).

第 5 章　研究机会

建立灾害韧弹性社区的成功合作努力将考虑形成伙伴关系、维持它们和获得关于伙伴角色知识的动机和障碍。正是由于这样的合作工作在全国大部分地区处于初级阶段，并且社会变革和危险脆弱性演变如此迅速，合作和研究的并行计划势在必行。

关键研究课题包括：

◉ 合作如何，何时，为何起作用或失败。

◉ 解释不同的建立伙伴关系策略结果的方法，这些策略如自下而上自愿合作还是伙伴关系和伙伴关系建立策略由政府发起或资助。

◉ 预测伙伴关系的合法性、有效性、主流化和制度化。

◉ 量化合作和韧弹性努力所产生的成本和收益的适当指标。

这些需要对各种社区、威助和问题的记录、存档及传播的效果进行理解和评估。

研究结果能为培训策略和新的项目领域提供信息，并可能促进更完善概念框架的发展。并且，通过对国家级和联邦一级倡议乃至在全球企业、国家级和国际民间社会应用的更大背景下，更好地理解公私合作是如何诞生、发展和发挥作用的，能改善公私部门合作。委员会下面讨论了一系列研究倡议，可供国土安全部（DHS）和其他对加深对聚焦韧弹性公私部门合作知识感兴趣的组织投资研究。

5.1 业务部门动机

调查最有可能激励各种规模的企业与公共部门合作在不同类型的社区（如农村和城市）建立灾害韧弹性的因素。

正如第 4 章和委员会研讨会的总结（NRC，2010）所述，企业参与各类公私合作有许多障碍，其中包括以灾害韧弹性为中心的合作。这些障碍包括公私部门间的文化差异，对信息共享的担忧和对政府授权和条例的谨慎。目前，不清楚的是如何克服这些挑战，并增加企业参与减灾活动的动力。激励是多方面的，因不同类型的企业而不同。例如，一些研讨会的与会者认为，商业部门参与到公私部门合作的动机部分是由于理解参与韧弹性建设合作的直接好处、保持良好公众意识的愿望和责任问题。大部分已知的促使企业参与增强韧弹性活动的因素是轶事。即使回答简单的问题也是不可能的，比如，商业组织是否主要出于对其财产和运营安全的担忧；或无论企业规模、营利能力、在社区中的任期期限，是否作为较大国家组织的分支或特许经营权；或参与其他社区改善项目可预测企业参与到灾害相关的公私伙伴关系中。

轶事证据表明，需要更好地了解公私部门合作者对韧弹性和应急管理问题持有的不同观点。如第 3 章所述，公共安全机构往往低估私人部门对应急准备的兴趣和参与。同样，私人部门团体往往高估公共部门伙伴的能力，却未认识到自己对灾害管理贡献的必要性。还需要研究社区背景对私人部门参与的影响：这种参与在农村社区比在城市或郊区社区更有可能发生吗？在高风险社区，而不是那些灾害频率较低的社区？

总之，迫切需要更好地理解为什么企业部门被吸引到社区一级的灾害韧弹性建设合作、不同合作者的不同看法和与商界领袖共鸣的激励类型。并且，长期而言，伙伴关系和合作伙伴动机并不是静态的。从简单的网络到形成合同伙伴关系，出现了不同层次的合作。什么激励措施最有可能鼓励更多层次的参与？对这些问题的研究有助于设计适用于不同企业类型和规模的合作伙伴关系模型和指导方针。

5.2 整合非政府组织

重点研究如何激励和整合基于社区、信仰的组织和其他非政府组织（包括那些不以危机为导向的组织）加入聚焦韧弹性的合作。

社区基于信仰的组织和其他非政府组织在灾害周期的全过程中都发挥着关键作用。他们帮助发展社会资本，服务和代表被剥夺公民权利的社区成员，并且通常为不同的高危人群提供社会安全网。当灾难来临时，弱势社区居民就会转向这样的组织。仅就这个原因，社区对非营利部门参与增强韧弹性的活动就有既得利益。然而，关于这一部门韧弹性的少量已有研究表明，NGOs 对灾害准备不足，基于社区的组织代表很少参与社区灾害韧弹性的努力（Drabek，2003 年）。其中我们知识中最大的差距之一是称为没有研究的“非危机相关的非营利组织”和社区组织所扮演的角色（例如，无家可归者收容所、为移民服务的机构和社区诊所）。这种有针对性的研究可以帮助社区识别灾难期间未知的或被忽视的被帮助者。了解如何根据这一知识采取行动，提供授权这些群体的方式，使这些群体为他们的自身利益和整个社区的利益而运作。可以确定更有成本效益和更可行的动员战略，特别是针对那些长期处于类似灾害的永久状态的社区，因为这种情况有极端贫困等条件。此外，研究合作伙伴议程会被重新定义以更加包容，可以有助于重要但被忽视的社区利益相关者。

5.3 改变应急管理文化

重点研究应急管理和国土安全部门如何转向“合作文化”，让社区的完整组织参与到增强韧弹性中。

本报告讨论的结果表明，包括非政府组织在内的私人部门组织难以建立公私伙伴关系，并且负责应急管理的政府机构也面临类似的障碍。如何最好地推动政府应急管理和国土安全机构走向合作文化的问题几乎没有研究关注（更多的讨论见 Stanley and Waugh，2001；Drabek，2003；McEntire，2007）。因此，需要进行研究探讨克服结构、文化、教育、培训和其他障碍的方法，让公共应急管理部门采用更多的合作模式来增强韧弹性。

正如第 4 章所讨论的，政府应急管理机构和国土安全机构的人员往往不熟悉包括非营利部门，在内的私人企业的典型担扰和观点。他们可能不熟悉启动和培育跨部门合作所需的活动和流程。许多参与应急管理的实体和员工也尚未接受合作应急管理的概念，即使这一概念已有近 20 年了。一些政府机构和员工仍然对自上而下的“指挥和控制”框架比强调合作和网络管理的方法更加适应。这样的观点可能植根于以前的培训和专业经验，例如在军事或执法方面或对国土安全的担扰。他们的根源还可能是对民间社会在灾害管理中的作用缺乏了解，关注“地盘”和组织特权，甚至可能是代际差异。研究人员发现，国家响应框架（FEMA，2008）比早先的政府间响应规划更“合作友好的”（例如，讨论见 Gazley et al., 2009），但事实仍然是，应急管理和国土安全社区还没有形成“合作文化”。

5.4 建设社会资本

重点研究如何建设聚焦韧弹性的公私部门的合作能力。

灾害韧弹性的研究越来越关注社会资本与韧弹性间的关系，强调社会资本作为社区适应能力的基础（见 Norris et al.，2008）。形成有效的和富有成效的社会网络是社会资本发展的关键因素，公私伙伴关系可以为这种网络提供基础设施。认识到社会资本和能力建设的重要性，提出了研究能力建设战略的必要性，其中包括侧重于私人部门和公共部门领导人所需的各种培训的研究；如何在社区一级建立合作技能集；以及如何在合作中培育创造力和创新，例如，挖掘新信息和通信技术所固有的潜力。一些研讨会与会者谈到，需要将同行辅导作为能力建设战略，但还需要评估其他战略，如跨部门员工交流和为政府官员提供新的培训经验。也需要评估。

5.5 通过合作支持学习

重点研究和示范项目，量化风险和成果指标，加强社区一级的灾害韧弹性，并记录最佳做法。

支持和培育以聚焦社区灾害韧弹性公私合作的新努力可能包括旨在加强社区一级灾害韧弹性的研究和示范项目，并记录最佳做法。“项目影响”是联邦政府的一项主要举措，其目标是发展风险和脆弱性评估、减灾项目和公共教育方面的地方伙伴关系网络（Witt and Morgan，2002）。在“项目影响”方面，联邦政府制定了一般指导方针，并向当地社区提供了资金，但并没有规定如何组织地方项目，也没有试图对地方项目活动进行微观管理。资助“项目影响”的联邦应急管理局也资助了一系列形成性评价研究，其研究结果已在报告第3章中予以讨论。这些研究记录了方案运作的许多方面，包括计划的组织方式、在“项目影响”的标题下开展的活动以及开发的伙伴关系类型。

认识到需要公私伙伴关系和广泛的社区动员来提高社区的灾害韧弹性，国土安全部可在全国范围内赞助一系列研究和示范项目。新项目可以从项目开发的初始阶段开始，充分整合研究和实践，并可概念化为研究人员和从业人员提供“活的实验室”。研究可以设计和实施，其明确目标是记录合作的有效性、合作者的成本和收益以及这些变量的指标。过程和结果相关的变量都可以解决。纵向和比较设计可能是研究和示范项目的关键要素。

研究人员和从业人员在不同地方韧弹性建设努力中的持续合作提供了应用适应性管理原则的潜力广泛应用于处理灾害以外的环境问题的方案中（Walters，1986；Lee，1993；Wise，2006）。采用适应性管理方法，项目参与者及其研究合作者研究确定措施、落实措施、评估其效果、如何在评估的基础上改进、相应地调整计划，然后继续周期性的执行、评估、学习和计划调整。系统地采用适应性管理方法可持续改进方案，并阐明实现韧弹性目标的最佳做法和战略。

专注于生成可比较的关于脆弱性和韧弹性的全国性数据的研究和相关活动。

目前正在采用各种方法来评估该国灾害和其他危险的脆弱性。例如，

HAZUS 和 HAZUS-MH[1] 是广泛使用的脆弱性评估工具。自成立以来，国土安全部一直参与涉及多个项目和部门的各种活动，以量化国家关键基础设施面临的风险，并比较了美国社区的风险和脆弱性。研究人员已经开发了各种衡量社会脆弱性的指标；得到广泛承认的是社会脆弱性指数 (SOVI)[2]，是由南卡罗来纳大学的苏珊•卡特和其他研究人员提出的。还在采用各种措施评估社区韧弹性。

尽管这些及其相关领域取得了进展，但家国缺乏一套认可的脆弱性和韧弹性指标，这些指标将有可能在社区随时间变化进行衡量和评估。如果没有这些措施，就不可能衡量提高韧弹性或社区改进方面所取得的进展。这一需求在过去已得到了承认，并得到了美国国家科学基金会（NSF）和美国地质调查局 (USGS) 的资助。危险和灾害研究人员于 2008 年 6 月举行了一次研讨会，并为建立韧弹性和脆弱性观测网络（RAVON）制定了计划和研究建议（Peacock et al., 2008）。RAVON 的目标是系统化收集、保存和传播与衡量脆弱性和韧弹性有关的数据。它将纳入其他关键指标，如与风险评估、认识和管理、减灾以及灾后恢复和重建有关的指标。正如 2008 年研讨会与会者所设想的那样，RAVON 将结合虚拟和地方活动和研究从业人员合作的最佳要素，并将借鉴现有类似活动的要素，例如长期生态研究网络[3]（LTER）和国家生态观测站网络[4]（NEON）。[5]

为了解国家正走向一个更具韧弹性和较低脆弱性的未来，发展程度并了解

[1] 见 www.fema.gov/plan/prevent/hazus/ (2010 年 7 月 1 日访问).

[2] 见 webra.cas.sc.edu/hvri/products/sovi.aspx (2010 年 7 月 1 日访问).

[3] 见 www.lternet.edu/ (2010 年 7 月 1 日访问).

[4] 见 www.neoninc.org/ (2010 年 7 月 1 日访问).

[5] 建议 RAVON 活动和组织结构的更多细节，见 Peacock et al.(2008).

影响这一运动的因素，可靠、有效和系统地收集指标是至关重要的。赞助一个网络，诸如 RAVON，与国土安全部的任务是一致的；事实上，没有国土安全部的实质性投入，发展这样的网络是难以想象的。

5.6 信息存储库

全国各地的社区合作发展社区灾害韧弹性的信息资源很少。信息和指导存在，但分散在同行评审的文献、政府报告、研究项目报告以及组织和机构网站中；这使得普通地方机构或企业很难获得信息和指导。随着资助的私人与公共部门合作研究的发展和成熟，国土安全部本身将需要一种传播研究成果的手段。

建立一个由中立实体管理的国家储存库和信息交流中心，以存档和传播有关聚焦社区韧弹性的公私合作模式的信息、操作框架、社区灾害韧弹性案例研究、基于证据的最佳做法以及与韧弹性有关数据和研究结果。所有部门和各级的利益相关者应举行会议，确定如何组织和资助这一实体。

研讨会（NRC，2010 年）和委员会讨论表明，非政府合作伙伴可能更喜欢独立和无私的第三方资源提供信息和指导。这一发现和对“边界组织”弥补研究—政策—实践—差距重要性的认可（Guston，2001 年）是本建议的基础。

该实体或实体网络暂时称之为灾害韧弹性最佳实践中心，将免费以私人部门和公共部门领导人、应急管理从业人员和研究人员方便理解的格式提供信息和指导。它将提供各种产品，从同行评审的出版物到现有的和正在出现的“工具包”，供那些从事私人部门和公共部门合作的人使用。作为非政府组织，它将作为公私部门在韧弹性问题上互动的“诚实经纪人”和推动者。

考虑到需要建立一个独立的信息和专门知识库，委员会没有提供关于如何构建和资助这种资源的建议。这些决策最好是由公共和私人部门利益相关者和专家组成的基础广泛和值得信任的联盟做出，以便向不同的用户提供指导信息。支持社区灾害韧弹性研究和实践的机构（自然基金委员会、国土安全部、国家海洋和大气管理局、美国地质勘探局和其他机构）在做出这些决定方面可发挥重要作用，但委员会认为，任何机构都不应视中心为“独有”资源。广泛的参与对于确保该中心的合法性和长期生存能力至关重要，正如委员会已表明，它在以社区为基础、聚焦韧弹性的公私合作中至关重要。

5.7 最后的思考

国家州长协会1979年制定了全面应急管理指南，并没有被使用“韧弹性”一词（NGA，1979）。这份文件是为了帮助州长们在灾害周期的各个阶段向全危险的应急管理方法过渡。它强调资源和知识的协调以及国家在地方政府做出初步响应后在灾害响应中的支持作用。目前国家研究委员会的许多结论与30多年前提交给州长的报告相似，但已缩小到社区一级，扩大到包括私人部门更积极的作用，并适用于通信技术的进步。我们识别、分析、挖掘和创建通信网络的能力远远超出了1979年州长们的想象。然而，我们的倾听、产生信任和合作的能力并没有跟上传递信息的能力。为建立有韧弹性的国家，必须建立有韧弹性的社区。有韧弹性的社区可以并正在通过聚焦韧弹性的公私合作来建立，这种合作源于基层社区，包括社区各界的代表，并得到更高级别政府和私人部门的推动和协调支持。

在阅读国土安全部部长Napolitano的讲话为开场白的报告并继续最后的指

导方针时，自然会把建设灾害韧弹性社区作为自己的目标。但严峻的现实是，美国正试图维护和促进其整个国家议程，提供公共安全和健康，促进经济发展，保护环境，维护人类自由和尊严的基本价值观。我们的国家社区试图在全球实现这些目标，通过极端事件（如地震、火山爆发、飓风）将其物理事件从一个地方转移至另一个地方。建设具有灾害韧弹性的社区对于我们整个国家的希望和愿望至关重要。公私合作是建立这种韧弹性的起点。

参考文献

Drabek, T. E. 2003. *Strategies for Coordinating Emergency Responses*. Boulder, CO: University of Colorado, Institute of Behavioral Science.

FEMA (Federal Emergency Management Agency). 2008. National Response Framework. Washington, DC: U.S. Department of Homeland Security. Available at www.fema.gov/pdf/emergency/nrf/nrf-core.pdf (accessed March 11, 2010).

Gazley, B., J. L. Brudney, and D. Schneck. 2009. "Using risk indicators to predict collaborative emergency management and county emergency preparedness." Paper prepared for presentation at the meeting of the Public Management Research Association, Columbus, OH, Oct. 1. [Note: permission has been granted to cite this reference.]

Guston, D. H. 2001." 'Boundary organizations' in environmental policy and science: An introduction." *Science, Technology, and Human Values* 26: 399-408).

Lee, K. N. 1993. Compass and Gyroscope: Integrating Science and Politics for the Environment. Washington, DC: Island Press.

McEntire, D. 2007. Disaster Response and Recovery. Hoboken, NJ: John Wiley and Sons.

NGA (National Governors Association). 1979. Comprehensive Emergency Management: A Governor's Guide. Washington, DC. Available at training.fema.gov/EMIWeb/edu/docs/Comprehensive%20EM%20-%20NGA.doc (accessed June 20, 2010).

Norris, F. H., S. P. Stevens, B. Pfefferbaum, K. F. Wyche, and R. L. Pfefferbaum. 2008. Community resilience as a metaphor, theory, set of capacities, and strategy for disaster readiness. *American Journal of Community Psychology* 41(1-2):127-150.

NRC (National Research Council). 2010. *Private-Public Sector Collaboration to Enhance Community Disaster Resilience: A Workshop Report*. Washington, DC: The National

Academies Press.

Peacock, W. G., H. Kunreuther, W. H. Hooke, S. L. Cutter, S. E. Chang, and P. R. Berke. 2008. Toward a Resiliency and Vulnerability Observatory Network: RAVON. College Station, TX: Hazard Reduction and Recovery Center, Texas A&M University. HRRC report 08-02-R.

Stanley, E. and W. L. Waugh Jr. 2001. Emergency managers for the new millennium. In *Handbook of Crisis and Emergency Management*, A. Farzimand (ed.), New York: Marcel Dekker.

Walters, C. J. 1986. Adaptive Management of Environmental Resources. Caldwell, NJ: Blackburn Press.

Wise, C. R. 2006. "Organizing for homeland security after Katrina: Is adaptive management what's missing?" *Public Administration Review* 66: 302-318.

Witt, J. L., and J. Morgan. 2002. *Stronger in the Broken Places: Nine Lessons for Turning Crisis into Triumph*. New York: Henry Holt & Company.

附　录

附录A　委员会传记

Hooke William H. 是高级政策研究员，为华盛顿哥伦比亚特区美国气象学会（AMS）的大气政策计划的负责人。在2000年入职美国气象学会（AMS）前，Hooke博士曾在其前身机构工作了33年。在美国国家海洋和大气管理局（NOAA）经过6年的研究，他从事一系列管理岗位，管理的范围和承担的职责不断增加，包括波浪传播实验室大气研究处处长、NOAA环境科学小组主任（现为预测系统实验室）、NOAA副首席科学家以及代理首席科学家。1993—2000年期间，他担任了两个国家职责：美国天气研究计划办公室主任、环境与自然资源委员会国家科学技术理事会减灾部的跨部门委员会主席。Hooke博士于1967—1987年期间在科罗拉多大学任教员，并在两个NOAA联合研究所担任研究员（CIRES，1971—1977；CIRA，1987—2000）。Hooke博士著有50多份相关出版物，并与人合著一本书，他拥有斯沃思莫尔学院的物理学荣誉学士学位（1964年）、芝加哥大学的理学硕士学位（1966年）和博士学位（1967年）。他最近主持了美国科学院（NAS）/美国国家科学研究委员会（NRC）灾害圆桌会议，并于2006年当选为美国哲学学会会员。

Arrietta Chakos是城市抗灾方面的公共政策顾问。她最近担任哈佛肯尼迪学院（Harvard Kennedy School）“及时灾后恢复研究项目”负责人，并曾在加州伯克利担任市长助理，负责指导政府间协调机制和创新减灾举措。她致力于减轻灾害风险的公共政策和可持续的社区参与研究。“及时灾后恢复研究项目”侧重于通过支持社区有效实施安全措施，研究有效的社会和政府干预措施，以减轻灾害风险。Chakos 女士曾与美国联邦紧急事务管理署（FEMA）和加州减灾计划紧急事务办公室共事。她曾担任联邦紧急事务管理署（FEMA）的风险防控和灾损评价技术顾问。她曾就灾害和社会参与问题向国际地质灾害协会、经济合作与发展组织 (经合组织 OECD)、世界银行、加利福尼亚紧急事务办公室、湾区政府协会和生物安保中心提供咨询。她曾应邀在美国国家学院的灾害圆桌会议、2006 年旧金山地震会议和科罗拉多大学自然灾害中心年度会议上作口头报告。在国际上的影响力包括参加美日和中美地震研讨会、神户地震联合国灾害会议以及最近在中国召开的地震安全研究技术会议。出版物包括为许多减灾技术会议、美国土木工程师协会、专业刊物“光谱”和“自然灾害观察员”撰写的关于灾害问题的论文。她为经合组织出版的书《地震国家学校安全》撰写了一章，为《全球变暖、自然灾害和紧急事务管理》(2008 年) 做出了贡献。Chakos 女士在加州州立大学洪堡分校获得英语学士学位，并在哈佛大学肯尼迪学院获得公共行政学硕士学位。

Ann-Margaret Esnard 教授是佛罗里达大西洋大学城市和地区规划学院的视觉规划技术实验室（VPT Lab）的主任。Esnard 博士主要研究内容包括沿海易损性评估、地理信息系统 / 空间分析、城市流离失所脆弱性、灾难规划和土地使用规划。她参与了一系列相关的研究计划，其中包括两个国家自然基金会（NSF）资助的与飓风有关的人口流失和长期恢复的项目。她撰写的专题包括：灾难性飓风造成的人口流失、沿海和洪水灾害易损性评估、生活质量和全面灾后恢复地理空间技术、地理信息系统教育、公众参与地理信息系统和环境保护。Esnard 女士曾在多个地方、州和国家委员会任职，包括：国家洪水保险计划评估指导委员会、国家科学研究委员会灾害圆桌会议以及佛罗里达州灾后重建计划行动。Esnard 博士拥有西印度群岛特立尼达大学农业工程理学学士学位、波多黎各—马亚圭斯大学农学与土壤学理学硕士学位和马萨诸塞大学安姆斯特分校地区规划学博士学位。她还在北卡罗来纳大学教堂山分校完成了为期两年的博士后研究。

John（Jack）R. Harrald 是弗吉尼亚理工学院和州立大学技术安全与政策中心的研究教授兼公共政策副教授。Harrald 博士是乔治华盛顿大学（GWU）危机灾难和风险管理研究所荣誉联席主任、乔治华盛顿大学（GWU）工程与应用科学学院工程管理与系统工程荣誉教授以及国家研究委员会灾难圆桌会议指导委员会主席。他是《国土安全与应急管理》电子期刊的联合创始人和执行荣誉编辑。他是国际应急管理协会的前任会长，也是国家港口和航道研究所前副主任。在美国海岸警卫队 22 年的任职生涯期间，他还曾担任过执行长，以上校级别退休。他曾在危机管理、应急管理、管理科学、风险和易损性分析以及海上安全等领域撰写和发表过文章。Harrald 博士在美国海岸警卫队学院获得工程学理学学士，在卫斯理大学获得图书馆文学硕士，在麻省理工学院获得理学硕士并得到斯隆奖资助，并在伦塞拉理工学院获得 MBA 和博士学位。

Lynne Kidder 是灾害管理和人道主义援助英才中心（COE-DMHA）的高级顾问，该中心是国防部的一个组织，重点是改善民事—军事机构间协调、能力建设和公共—私营部门在救灾和人道主义援助方面的抗灾协作。在 2005—2010 年期间，她担任国家安全商务主管机构（BENS）的副院长和负责合作的高级副总裁，指导国家安全商务主管机构（BENS）的国家项目，以促进社区和全州范围的公私伙伴关系，以实现区域的灾害韧弹性。在国家安全商务主管机构（BENS）任职期间，Kidder 女士召集了由国家商业领袖、专业 / 贸易组织、学术界、非政府组织、军方和机构合作伙伴组成的团队，以提出加强各级政府公私合作的国家机制。她是北湾委员会的前执行董事，北湾委员会是北加州的一个由 C 级高管组成的非营利组织，她在私人雇主和州、地方官员之间实施了多项举措。Kidder 女士以前的专业经历包括在美国参议院担任 8 年专业工作人员、在州政府担任行政高管以及从事政府事务。她在印第安纳大学（艺术和科学学院）获得文学士学位，在得克萨斯大学奥斯汀分校获得硕士学位，并在乔治梅森大学进行了额外的公共行政研究生学习。Kidder 女士是医学和公共卫生灾难性事件筹备论坛研究所的联席主席，并担任多个董事会和咨询委员会的成员，致力于公私合作和灾害准备的韧弹性研究。

Michael T. Lesnick 是非营利机构 Meridian 咨询研究所的联合创始人和高级合伙人，该组织提供国内和国际方面中立的冲突管理和多利益方的合作解决方案。Lesnick 博士拥有超过 30 年的多方信息共享、解决问题和冲突管理流程的设计以及管理经验。他与来自政府、企业、非政府组织、国际机构和科学机构的决策者和利益相关方的合作，促进了可行的解决方案和新的公私伙伴关系，以解决社会上最有争议和最复杂的特别是在国家和国土安全、环境和可持续发展、公共卫生、粮食安全、气候变化、国际发展和科学政策方面的问题。Lesnick 博士促成了白宫卡特里娜飓风利益相关方首脑会议以及国家基础设施保护计划、国家应对框架发展的机构间和利益相关方程序。他负责的项目促使成立了 9 个国家级关键基础设施和关键资源部门协调委员会，并为国土安全部基础设施保护办公室制定了应用广泛的规划项目。Lesnick 博士与社区和地区抗灾研究所（CARRI）开展广泛合作。他曾担任 100 多个国内外多利益相关方合作计划的项目负责人。他在促进、调解和战略评估领域发表多篇论文。他在密歇根大学获得理学硕士和博士学位，并在密歇根大学继续完成环境与合作解决问题和冲突管理的博士后研究。

Inés Pearce 是皮尔斯全球合作伙伴（PGP）公司的首席执行官，致力于解决政府、企业、非营利组织和社区的需求，以降低自然灾害和人为灾害造成生命和财产损失的可能性。Pearce 女士是一位业务连续性和应急管理专家，拥有 17 年的专业经验，其中包括 12 年的公私伙伴关系经历。她还担任美国商会企业公民领袖中心（BCLC）的高级救灾顾问，同时是 BCLC 负责社区层面的灾害准备、恢复和合作协调的主要联络人。她还曾担任美国商会的联络员，在灾害比如 2008 年爱荷华州的洪水、佛罗里达州的暴风雨以及德克萨斯州和路易斯安那州的飓风发生期间，促进长期恢复。在成立皮尔斯全球合作伙伴（PGP）之前，Pearce 女士被任命为西雅图市紧急事件管理项目影响负责人，负责管理四个减灾计划，为学校、家庭和企业安全以及危险性图提供资源。在她任职期间，此项目获得了众多国家优秀奖。作为公私伙伴关系专家，Pearce 女士代表世界经济论坛出席了在瑞士日内瓦举行的联合国全球减轻灾害风险平台会议，并在日本神户世界减灾大会上就公私伙伴关系问题向联合国发表了演讲。Pearce 女士于 2003 年被纳入应急规划管理（CPM）名人堂。她还获得了西方国家地震政策委员会颁发的两项国家优秀奖，并于 2009 年获得洛杉矶市颁发的“美国历史上规模最大的南加州地震演习”的优秀策划奖，此次演习参加人数达 550 万人次。Pearce 女士是应急规划和恢复管理（CPARM）小组、抗灾业务（DRB）

控件工作组的主席，也是卡斯卡迪亚地区地震工作组委员会成员。她在冈萨加大学获得政治科学的文学士学位。

Randolph H. Rowel 助理教授是摩根州立大学社区卫生与政策学院“Why Culture Matters”灾害研究项目的主任。Rowel 博士在社区健康教育方面拥有超过 25 年的经验，在社区组织和授权、伙伴关系发展和社会营销方面非常专业。他教授社区需求与解决方案、基于社区的参与性研究和公共卫生定性研究，并应邀在许多与应急管理有关的会议上就社区参与和灾害文化影响发表演讲。Rowel 博士担任国土安全部资助的国家备灾和灾难事件响应中心（PACER）的调查员，负责研究日常危机和备灾行为之间的关系以及低收入人群的社区参与策略。作为 PACER 的调查人员，Rowel 博士还为基于信仰的领袖开发适合他们文化的防灾课程。Rowel 博士最近与马里兰州卫生和精神卫生部门合作完成了一个项目，该项目对低收入的非洲裔美国人和讲西班牙语的拉美裔人口的知识、观念和自然灾害经历进行了调查。这一项目最终出版了“加强低收入人群之间基层风险沟通的指南”，该指南提供了如何与基层组织合作方面的实用的、逐步的指导，以便在灾难发生之前、期间和之后向低收入人群提供关键信息。Rowel 博士最近任职美国国家科学院特设委员会，负责筹划社会网络分析（SNA）研讨会。研讨会审查了社会网络分析（SNA）的现状及其鉴定、建设和加强美国社区网络的能力，以实现社区韧弹性。他在摩根州立大学获得学士学位，并分别在犹他州大学和马里兰大学帕克学院获得硕士和博士学位。

Kathleen J. Tierney 是科罗拉多大学博尔德分校社会学教授兼自然灾害中心主任。灾害中心设在行为科学研究所，她在那里兼职。Tierney 博士的研究重点是灾害的社会影响，包括自然的、技术的和人为的极端事件研究。她与人合著的出版物包括《灾难、集体行为和社会组织》(1994年)、《面对意外:美国的备灾和响应》(2001年)、《紧急情况管理:地方政府的理论和实践》(2007年)。Tierney博士在《社会学年度评论》《美国政治和社会科学院年鉴》《当代社会学》《社会学光谱》《社会学论坛》《国土安全和紧急情况管理杂志》等期刊发表了许多与灾害有关的文章。她曾担任国家科学院社会科学灾害研究委员会、气候相关决策支持战略方法小组以及"美国的气候选择"小组成员,为有效应对气候变化提供信息支持。她曾在加州大学洛杉矶分校、南加州大学、加州大学尔湾分校和特拉华大学从事研究,并担任教职。Tierney博士在俄亥俄州立大学获得社会学博士学位。

Brent H. Woodworth现任洛杉矶应急准备基金会总裁兼首席执行官。他是国内和国际危机管理领域的知名领导者,在与政府机构、私营部门公司、学术机构、基于信仰的组织和非营利组织合作方面有着杰出的经验。2007年12月,他从IBM公司退休,任职32年期间,主要负责全球危机应对团队运作的开发和管理。在过去的几年中,Woodworth先生带领他的团队,积极应对处理了49个国家70多个重大的自然和人为灾害事件。Woodworth先生在国内的危机应对经历包括处理1992年洛杉矶的内乱、1994年的北岭地震、俄克拉荷马城爆炸案、"9·11"世界贸易中心袭击、卡特里娜飓风以及多次洪水、风、火和地震事件。1998年,Woodworth先生被联邦紧急事务管理署署长James Lee Witt任命为美国国会指定委员会成员。在委员会任职期间,Woodworth先生与他人共同编撰了国家减灾计划。Woodworth先生曾任职于多个国家和地方委员会、理事会,包括担任国家建筑科学研究所(NIBS)理事会理事长、美国综合减灾委员会(MMC)主席、地震减灾咨询委员会(ACEHR)理事会理事长以及洛杉矶应急准备基金会总裁兼首席执行官。Woodworth 先生是多个行业奖项的获得者，并且是防灾、公私伙伴关系和危机事件领域的出色作家。Woodworth 先生的公私合作重点案例包括他促成的星巴克公司和 T–Mobile 公司的成功谈判，以及 2007 年 10 月加州大火期间，他们在圣巴巴拉到美国—墨西哥边境的 1000 多个地点提供免费无线连接服务。他在南加州大学获得了市场管理学士学位。

附录B　委员会会议议程

会议 1：2009 年 4 月 28—29 日

第一天

8:00—17:00　**非公开会议**（仅限委员会以及国家研究委员会工作人员参加）

第二天

8:00　**欢迎工作早餐**

致辞：主席 William Hooke

8:30　**向国家研究委员会提问**

- 为什么机构对这个问题感兴趣
- 机构希望得到什么研究结果，不希望得到什么研究结果
- 报告将如何应用
- 报告的受众

国土安全部（DHS）报告

报告人：Michael Dunaway

10:15　**公开会议结束**

10:15—17:00　**非公开会议**（仅限委员会以及国家研究委员会工作人员参加）

会议 2：2009 年 9 月 9—11 日

公私部门增强社区韧弹性合作研讨会

第一天

8:30　　**欢迎致辞**

主席 William Hooke

8:45—14:45　　**全体会议**

专题一

为什么社区灾害韧弹性合作方法是国家的迫切需求?

8:45　　**反应和思考**

特邀专家：Jason McNamara，联邦紧急事务管理署参谋长

Mary Wong，政府补给基金会主席

Jim Mullen，华盛顿州紧急事务管理部主任

协调人：Randolph Rowel，委员会委员

9:30　　讨论

专题二

通过公私合作提高社区韧弹性：怎样建立和维持国家以及地方各级有效的跨部门伙伴关系?

10:30　　建立可持续伙伴关系的最佳实践

特邀专家：Brit Weber，密歇根州立大学项目主任

Jami Haberl，爱荷华州保护合作组织执行主任

Maria Vorel，联邦紧急事务管理署 核心管理

协调人：Inés Pearce，委员会委员

11:15 讨论

12:00 **午餐时间**

报告：社区和跨部门合作的重要性

报告人：Arif Alikhan，国土安全部政策发展助理秘书

专题三

打造商业案例：动员企业参与社区和国家灾害韧弹性建设

13:00 促进企业参与商业 - 政府合作

特邀专家：Mickie Valente，Valente 战略顾问有限责任公司总裁

Stephen Jordan，美国商会执行董事

Gene Matthews，北卡罗来那大学高级研究员

协调人：Lynne Kidder，委员会委员

13:45 讨论

14:45—16:30 **分组会议**

与会者分成四组，每个小组都要讨论下面两个主题。

促成或阻碍有效的公私伙伴关系的因素

- 主题 1：促进因素
- 主题 2：障碍因素

16:30—17:30 **全体会议**

16:30 **会议总结与讨论**

17:30 休会

第二天

8:30—16:30 全体会议

专题四

州和地方政府在社区韧弹性建设中的角色与展望

8:30 **与国家框架对接**

特邀专家：Scott McCallum，威斯康星州州长（2001—2003），

Aidmatrix，基金会总裁兼首席执行官

Ron Carlee，弗吉尼亚州阿灵顿县县长

Leslie Luke，加利福尼亚州圣地亚哥集团项目经理

协调人：Michael Lesnick，委员会委员

9:15 讨论

10:15 报告：**美国国土安全部志愿私营部门备灾鉴定和认证计划**

报告人：Emily Walker，美国国家恐怖袭击事件委员会

11:00 讨论

11:30 午餐

12:30—14:00 **分组会议**

与会者者分成四组，每个小组都要讨论下面两个主题。

建立可持续伙伴关系

• 主题 3：可持续性

• 主题 4：韧弹性建设行动和广泛实施

14:15—16:30 **全体会议**

14:15 **会议总结与讨论**

15:15 **报告：研讨会首要主题**

报告人：Brent Woodworth，委员会委员

15:40 **讨论：转变思路和推进途径**

16:20 **闭幕词**

William Hooke，主席

16:30 **休会**

第三天

8:30—16:30 **非公开会议**（仅限委员会以及国家研究委员会工作人员参加）

会议 3：2009 年 10 月 19—20 日

第一天

8:00 **欢迎致辞**

William Hooke，主席

8:20 **专题一：国际海洋环境管理协会（ICMA）成员**

特邀专家：CraigMalin，爱荷华州德文堡市执行长

Joyce Wilson，得克萨斯州埃尔帕索市执行长

协调人：Lynne Kidder，委员会委员

8:50　　　小组讨论和答疑时间

9:40　　　**休息**

10:00　　　**专题二：成功的社区组织模式**

特邀专家：Claudia Albano，加利福尼亚州奥克兰市助理公共安全协调员

Darius A. Stanton，马里兰州巴尔的摩市男孩女孩俱乐部副总裁

协调人：Arrietta Chakos，委员会委员

10:30　　　小组讨论和答疑时间

11:45　　　**工作午餐中继续讨论**

13:00　　　**公开会议结束**

13:00—17:00　**非公开会议**（仅限委员会以及国家研究委员会工作人员参加）

第二天

8:00—17:00　**非公开会议**（仅限委员会以及国家科学研究委员会工作人员参加）

会议 4：2009 年 12 月 3—4 日

非公开会议（仅限委员会以及国家研究委员会工作人员参加）

美国国家研究院——国家科学、工程和医学顾问

美国国家科学院是民间的、非营利的、自治的研究机构，由科学和工程领域的知名学者组成，致力于推进科技发展和公共应用。根据 1863 年国会授权的章程，其任务是为美国联邦政府科技事项提供咨询。Ralph J. Cicerone 博士是美国国家科学院院长。

美国国家工程院是 1964 年根据美国国家科学院章程成立的，由杰出工程师组成的研究机构。它拥有自主的行政管理权和成员选拔权，与国家科学院一起为美国联邦政府提供咨询。国家工程院还资助满足国家需求的工程项目，鼓励教育和研究，并表彰工程师的卓越成就。Charles M. Vest 博士是美国国家工程院院长。

美国国家医学院于 1970 年由美国国家科学院成立，旨在确保在审查公众健康政策事项时，能获得相关领域杰出专家团队的服务。根据美国国家科学院的章程，国家医学院作为联邦政府的顾问，根据自己的倡议，确定医疗、研究和教育等议题。Harvey V. Fineberg 博士是美国国家医学院院长。

美国国家研究委员会于 1916 年由国家科学院设立，旨在联系更多科技团体，以实现国家科学院提出的增进知识、为联邦政府提供咨询建议的目标。根据国家科学院制定的总体政策，国家研究委员会已成为国家科学院和国家工程院向政府、公众和科学工程界提供服务的主要执行机构。国家研究委员会由国家科学院和国家医学院共同管理。Ralph J. Cicerone 博士和 Charles M. Vest 博士分别是国家研究委员会的主席和副主席。

增强社区韧弹性公私部门合作委员会

WILLIAM H. HOOKE，主席，美国气象学会，华盛顿特区

ARRIETTA CHAKOS，城市韧弹性政策，加利福尼亚州伯克利市

ANN-MARGARET ESNARD，佛罗里达大西洋大学，劳德代尔堡市

JOHN R. HARRALD，弗吉尼亚理工学院暨州立大学，亚历山大州

LYNNE KIDDER，灾害管理和人道主义援助卓越中心，华盛顿特区

MICHAEL T. LESNICK，中医学研究所，华盛顿特区

INÉS PEARCE，Pearce 全球合作伙伴公司，加利福尼亚州洛杉矶市

RANDOLPH H. ROWEL，摩根州立大学，马里兰州巴尔的摩市

KATHLEEN J. TIERNEY，科罗拉多大学博尔德分校

BRENT H. WOODWORTH，洛杉矶应急准备基金会，加利福尼亚州

美国国家研究委员会管理人员

SAMMANTHA L. MAGSINO，研究主任（自 2009 年 7 月起）

CAETLIN M. OFIESH，研究主任（至 2009 年 7 月）

COURTNEY R. GIBBS，项目助理

JASON R. ORTEGO，研究助理（自 2009 年 11 月起）

NICHOLAS D. ROGERS，研究助理（至 2009 年 11 月）

TONYA E. FONG YEE，高级项目助理（至 2010 年 9 月）

地理科学委员会

WILLIAM L. GRAF，主席，南卡罗来纳大学，哥伦比亚市

WILLIAM E. EASTERLING III，宾夕法尼亚州立大学大学城

CAROL P. HARDEN，田纳西大学诺克斯维尔分校

JOHN A. KELMELIS，宾夕法尼亚州立大学帕克校区

AMY L. LUERS，山景城谷歌公司，加利福尼亚州

GLEN M. MACDONALD，加利福尼亚大学洛杉矶分校

PATRICIA MCDOWELL，俄勒冈大学，尤金市

SUSANNE C. MOSER，Susanne Moser 研究与咨询公司，加利福尼亚州圣克鲁斯

THOMAS M. PARRIS，ISciences 有限责任公司，佛蒙特州伯灵顿市

DAVID R. RAIN，乔治华盛顿大学，华盛顿特区，

KAREN C. SETO，耶鲁大学，纽黑文市

国家研究委员会管理人员

MARK D. LANGE，助理项目官员

JASON R. ORTEGO，研究助理

CHANDA IJAMES，项目助理

地球科学与资源理事会

CORALE L. BRIERLEY，主席，Brierley 咨询有限责任公司，科罗拉多州高原牧场

KEITH C. CLARKE，加州大学圣巴巴拉分校

DAVID J. COWEN，南卡罗来纳大学哥伦比亚分校

WILLIAM E. DIETRICH，加州大学伯克利分校

ROGER M. DOWNS，宾夕法尼亚州立大学帕克校区

JEFF DOZIER，加州大学圣巴巴拉分校

KATHERINE H. FREEMAN，宾夕法尼亚州立大学帕克校区

WILLIAM L. GRAF，南卡罗来纳大学哥伦比亚分校

RUSSELL J. HEMLEY，华盛顿卡内基研究所，华盛顿特区

MURRAY W. HITZMAN，科罗拉多州矿业学院，戈尔登市

EDWARD KAVAZANJIAN, JR.，亚利桑那州立大学坦佩分校

LOUISE H. KELLOGG，加州大学戴维斯分校

ROBERT B. McMASTER，明尼苏达大学，明尼阿波利斯市

CLAUDIA INÉS MORA，洛斯阿拉莫斯国家实验室，新墨西哥州

BRIJ M. MOUDGIL，佛罗里达大学盖恩斯维尔分校

CLAYTON R. NICHOLS，能源部爱达荷州营运办公室（退休），华盛顿海洋公园

JOAQUIN RUIZ，亚利桑那大学图森分校

PETER M. SHEARER，加州大学圣地亚哥分校

REGINAL SPILLE，Frontera 资源公司（退休），德克萨斯州休斯顿市

RUSSELL E. STANDS-OVER-BULL，Anadarko 石油公司，科罗拉多州丹佛市

TERRY C. WALLACE,JR.，洛斯阿拉莫斯国家实验室，新墨西哥州

HERMAN B. ZIMMERMAN，国家科学基金会（退休），俄勒冈州波特兰市

国家研究委员会管理人员

ANTHONY R. de SOUZA，主任

ELIZABETH A. EIDE，高级项目官员

DAVID A. FEARY，高级项目官员

ANNE M. LINN，高级项目官员

SAMMANTHA L. MAGSINO，项目官员

MARK D. LANGE，助理项目官员

LEA A. SHANLEY，博士后

JENNIFER T. ESTEP，财务和行政助理

NICHOLAS D. ROGERS，财务和研究助理

COURTNEY R. GIBBS，项目助理

JASON R. ORTEGO，研究助理

ERIC J. EDKIN，高级项目助理

CHANDA IJAMES，项目助理

谨以本报告纪念长期致力于自然灾害和恢复的领导者 Frank Reddish。通过多年的专注和努力，Reddish 先生使迈阿密—达德县和佛罗里达州成为居住更安全、更有韧弹性的社区。他的工作引起了当地和全国范围的关注，产生了广泛的影响。他极力促成了 2009 年 9 月 9—10 日举行的委员会信息收集研讨会。他的工作将继续在未来若干年内产生积极的影响。